PHP 程序设计基础

主　编　张治平　张维辉

副主编　邹贵财　赵　军　陈日邦

参　编　陈佳玉　莫昌惠　李毓仪
　　　　谢　嵘　周键飞

U0233922

北京理工大学出版社
BEIJING INSTITUTE OF TECHNOLOGY PRESS

内 容 简 介

PHP 是 Web 应用开发的主流语言之一，也是一种运行于服务端的、跨平台的脚本语言。作为 PHP 初学者学习编程的一本入门教材，本书采用任务驱动方式进行编写，读者完成相应的任务，练习每个任务后面附带的拓展训练，即可掌握对应编程的知识要点。每个任务都有任务描述、先导知识、任务实现、拓展训练等，其中任务描述介绍知识点的应用情境或者需要解决的问题，先导知识介绍任务实现过程中需要用到的一些知识要点，任务实现介绍任务具体操作过程，拓展训练是案例相应的练习题目。

本书共有 8 个单元，包括搭建编程环境与认识 PHP、掌握 PHP 开发基础、利用流程控制语句处理程序逻辑、利用函数实现指定功能、使用数组与处理字符串、掌握页面跳转与表单数据传递、利用数据库储存数据、程序对数据库的数据操作。

本书适合作为职业院校计算机应用、计算机网络技术、软件与信息服务、移动开发等专业的教材。学习本书之后读者将掌握程序设计基本技能、程序调试排错方法，以及掌握从事软件开发、软件系统维护、软件信息服务等职业应具备的职业能力。

图书在版编目 (CIP) 数据

PHP 程序设计基础 / 张治平，张维辉主编. -- 北京：北京理工大学出版社，2021.11
ISBN 978-7-5763-0647-7

Ⅰ. ①P… Ⅱ. ①张… ②张… Ⅲ. ①PHP 语言-程序-设计-教材 Ⅳ. ①TP312.8

中国版本图书馆 CIP 数据核字 (2021) 第 223616 号

出版发行 / 北京理工大学出版社有限责任公司
社　　址 / 北京市海淀区中关村南大街 5 号
邮　　编 / 100081
电　　话 / (010) 68914775 (总编室)
　　　　　(010) 82562903 (教材售后服务热线)
　　　　　(010) 68944723 (其他图书服务热线)
网　　址 / http://www.bitpress.com.cn
经　　销 / 全国各地新华书店
印　　刷 / 定州市新华印刷有限公司
开　　本 / 889 毫米×1194 毫米　1/16
印　　张 / 14　　　　　　　　　　　　　　责任编辑 / 张荣君
字　　数 / 280 千字　　　　　　　　　　　文案编辑 / 张荣君
版　　次 / 2021 年 11 月第 1 版　2021 年 11 月第 1 次印刷　责任校对 / 周瑞红
定　　价 / 40.00 元　　　　　　　　　　　责任印制 / 边心超

PREFACE 前言

　　超文本预处理器（Hypertext Preprocessor，PHP）是一种开源的、免费的、容易上手的 Web 应用开发语言，众多程序开发人员借助 PHP 开发门户网站、微博、论坛、电子商务网站、办公应用系统、社交网站、小程序与公众号的后端程序。PHP 开发人员还可以通过混合开发应用程序（Application，App）的方式，处理移动端（兼容 Android 操作系统、iOS）的开发。

　　1. 本书结构和特点

　　本书采用任务驱动方式进行编写，读者完成相应的任务，以及练习每个任务后面附带的拓展训练，即可掌握对应编程的知识要点。每个任务都有任务描述、先导知识、任务实现、拓展训练或课外作业等，其中任务描述介绍知识点的应用情境或者需要解决的问题，先导知识介绍任务实现过程中需要用到一些知识要点，任务实现介绍任务具体操作过程，拓展训练是案例相应的练习题目。

　　本书把枯燥的理论、抽象的概念、艰涩的知识点、难以理解的编程知识，在具体应用情景中实例化、图形化、形象化，方便教师授课和学生理解，使得学生快速地掌握专业技能，使得教与学在快乐的气氛中完成。

　　2. 编写师资与内容

　　本书是由信息技术（Information Technology，IT）企业工程师、职业院校骨干教师联手编写的程序开发实用教程，教材内容涉及编程环境搭建、编程语言基础知识、程序调试方法、数据库基础、PHP 数据库编程、编写动态网页后台程序等内容，每个案例均是企业中的典型应用，同时又是一线教师精心设计的课堂学习任务。

　　3. 读者范围

　　本书适合作为职业院校或本科院校计算机应用、计算机网络、软件与信息服务、移动开发等信息技术类专业的教材。

　　4. 技术力量

　　本书由张治平、张维辉任主编，邹贵财、赵军、陈日邦任副主编。具体编写分工如下：张治平编写第 1、2、3、4 单元，邹贵财编写第 5 单元，张维辉编写第 6 单元，陈日邦编写第 7、8 单元，赵军负责统稿。参与本书编写、代码编写、程序调试等工作的还有陈佳玉、莫昌惠、李毓仪、谢嵘、周键飞。

　　编者借本书与读者分享多年在软件开发实战与 PHP 教学中的心得，若在教学过程中需要用到教学资源或者辅助资料，请在出版社网站下载或发邮件至 291589120@ qq. com 联系作者。但由于教材编写时间仓促，难免存在失误和不足，敬请各位读者批评指正。

编　者

CONTENTS 目录

UNIT 1

单元 ①

搭建编程环境与认识 PHP

学习目标

- 掌握 PHP 环境部署
- 熟悉 PHP 的优势、特点
- 了解程序编写需掌握的技能
- 熟悉 PHP 脚本特点和编写程序的基本技能
- 了解主流编程语言 PHP、Java、Python 等

【知识导引】

近十年间，人工智能(AI)、虚拟现实(VR)、大数据等词已经家知巷闻。这些变化的基底都是计算机中的一行一行代码。学好计算机编程，掌握一种编程语言，熟练地调试、运行程序，是学好计算机专业技能核心，也是发挥计算机作用的关键所在。学习编程不但在专业技能学习领域很火热，而且目前在中小学生逻辑思维训练、智力开发、兴趣爱好培养等方面也受到追捧。学精一门编程语言，既掌握了一种专业技能，也为学习其他编程语言打下了坚实的基础。

PHP 即超文本预处理器(Hypertext Preprocessor)，是一种通用开源的脚本语言。PHP 是在服务器端执行的脚本语言，与 C 语言类似，是常用的网站编程语言，被誉为"站点之王"。PHP 独特的语法混合了 C、Java、Perl 及 PHP 自创的语法。PHP 可以用于程序设计入门学习，也可以作为程序逻辑思维训练的内容。

任务一 ▶ 搭建 PHP 运行环境

【任务描述】

小明同学刚进入计算机专业学习，听闻学好编程很重要，很想把编程学好，却不知道编程学习怎么入手。他虚心地向信息技术(Information Technology，IT)行业高手请教，希望有人帮他在专业学习方面引路。他初步了解目前编程语言有 PHP、Java、Python、C#、GO 等，其中 PHP 语言是"站点之王"，而且目前微信小程序、公众号等后端程序多使用 PHP 开发，所以他决定选择 PHP 语言作为学习编程的入门语言。执行 PHP 程序，一般需要有操作系统(Windows、Linux 等)、服务器软件(Apache、IIS 等)、PHP 安装程序(php5.3、php5.6 等)、数据库软件(MySQL、SQL Server、Oracle 等)、浏览器(IE、360 浏览器、谷歌浏览器等)。对于初学者来说，安装部署 Apache、PHP、MySQL 比较复杂，很多初学者望而却步，有了 phpStudy 对于 PHP 初学者来说是好消息。phpStudy 集成了 PHP 程序运行的开发环境，将 PHP、Apache、MySQL 等服务器、数据库软件整合在一起，省去了单独安装和配置 PHP、Apache、MySQL 带来的麻烦，有助于快速、简单地搭建好 PHP 开发环境。

操作视频

【先导知识】

1. 认识 PHP。PHP 是一种服务端、跨平台、面向对象、HTML 嵌入式、开源的脚本语言。

PHP 也是一种较流行的开发动态网页用的程序语言，是开发 Web 应用程序的理想工具。

2. PHP 语言特点。它具有开源免费、语法简单、跨平台、功能强大、应用灵活及效率高等优点。

3. 基础 PHP 语法。PHP 脚本可放置于文档中的任何位置。PHP 脚本以"<?php"开头，以"?>"结尾，PHP 文件的默认文件扩展名是".php"，PHP 文件通常包含 HTML 标签以及一些PHP 脚本代码。

4. 查 PHP 开发手册等资料。

（1）登录 https://www.php.cn。

（2）登录 https://www.runoob.com/php。

【任务实现】

步骤 1：在 phpStudy 官方网站上下载 phpStudy 安装程序包，如图 1-1 所示。

图 1-1

小 贴 士

除了 phpStudy，WAMP、LAMP、XAMPP、EasyPHP 等集成开发工具也都可以快速地搭建 PHP 程序运行的环境，将 PHP、Apache、MySQL 等组件一键安装、配置好，从而降低了 PHP 学习入门的难度，为广大 PHP 爱好者提供了便利。

步骤 2：双击下载的 phpStudy 安装程序包，如图 1-2 所示。

步骤 3：按照安装向导提示，完成 phpStudy 安装；安装完成后在桌面上出现 phpStudy 快捷方式图标，双击 php-Study 快捷方式图标后将打开 phpStudy 管理界面，通过此界面可以查看 PHP 站点服务（Apache）、MySQL 是否正常启动，如图 1-3 所示。

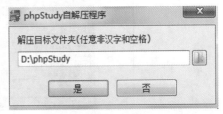

图 1-2

步骤 4：在 phpStudy 管理界面中单击"其他选项菜单"按钮，在弹出的下拉菜单中选择"查看 phpinfo"命令，如图 1-4 所示。

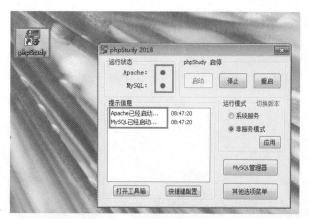

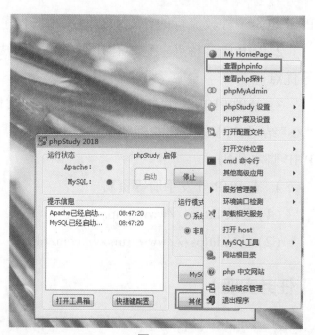

图1-3 图1-4

步骤5：如果 phpStudy 安装、配置没问题，可以打开 PHP 站点目录下的 PHP 指针文件 phpinfo.php，以便用户查看 PHP 有关信息。其中显示了 Apache 环境配置信息、站点根目录（DOCUMENT_ROOT）在、站点服务端口是（DOCUMENT_PORT）等，如图1-5 所示。

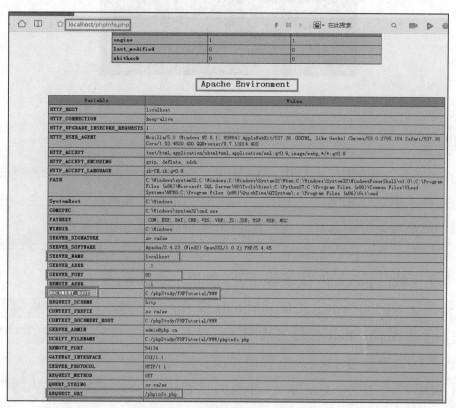

图1-5

步骤6：打开 Dreamweaver，选择"文件 \ 新建"菜单命令，在弹出的"新建文档"对话框中选择"页面类型 \ PHP"选项，即可新建一个 PHP 页面，如图1-6 所示。

小 贴 士

<title>...</title>标签是网页的标题标记，可以根据实际需要进行修改；<body>...</body>是网页的页面内容标记，PHP 代码就在<body>标签中编写。

步骤 7：输入 PHP 脚本代码，实现输出显示字符串"Hello World"，如图 1-7 所示。

图 1-6

图 1-7

小 贴 士

"<?php"和"?>"是 PHP 的标记符，在这两个标记符之间的所有代码都被当作 PHP 代码来执行处理。echo 表示 PHP 向浏览器输出信息，可输出字符串或者变量；字符串"Hello World"是用一对双引号引起来的；一条 PHP 语句代码一般以"；"结尾。

步骤 8：将 PHP 页面另存到 PHP 站点的根目录（比如 C:/phpStudy/PHPTutorial/WWW）下，命名为 01.php，如图 1-8 所示。

图 1-8

步骤9：参照步骤4所述方法访问01.php页面，效果如图1-9所示。

图 1-9

🧑‍💻 **小 贴 士**

访问页面可以参照步骤4实现，也可以打开浏览器，在地址栏中直接输入 http://localhost/01.php，或者在浏览器地址栏中输入 http://本地IP/01.php（比如 http://192.168.1.100/01.php）。

💻 **【知识点拨】**

1. 除了安装 phpStudy 可以快速搭建 PHP 运行、开发环境，也可以下载 WAMP（Windows+Apache+MySQL+PHP）以快速部署、配置 PHP 服务器环境。

2. PHP 是一种解释执行语言。安装好 PHP 集成开发环境之后，要解释执行的 PHP 脚本应保存在根目录 WWW 文件夹下。

3. PHP 开发环境有关参数设置，在 phpStudy 管理界面中单击"其他选项菜单"按钮进行设置，比如修改 Apache 服务器端口号，把默认的 80 端口修改为 8080 端口。

（1）单击 phpStudy 管理界面中的"其他选项菜单"按钮，在弹出的下拉菜单中选择"phpStudy 设置\端口常规设置"命令，如图1-10所示。

图 1-10

（2）在弹出的"端口常规设置"对话框中"Apache"选项组的"httpd 端口"文本框中输入8080，单击"应用"按钮，保存修改，如图1-11所示。

（3）查看 phpinfo.php 页面。从浏览器地址栏中即可看到服务器的端口号发生了改变，如图1-12所示。

图 1-11

图 1-12

【拓展训练】

1. 首先编写简单的 PHP 页面，输出个人信息，包括学号、姓名、性别、微信号、爱好等信息。然后将其保存在 PHP 运行根目录下，命名为 T11.php。接着打开 phpStudy，运行 T11.php，效果如图 1-13 所示，截图保存为 T11.jpg。

```
2.1-b03.php (XHTML)
1  <!DOCTYPE html PUBLIC "-//W3C//DTD XHTML 1.0 Transitional//EN"
   "http://www.w3.org/TR/xhtml1/DTD/xhtml1-transitional.dtd">
2 ▼ <html xmlns="http://www.w3.org/1999/xhtml">
3 ▼ <head>
4  <meta http-equiv="Content-Type" content="text/html; charset=utf-8" />
5  <title>无标题文档</title>
6  </head>
7
8 ▼ <body>
9 ▼ <?php
10 $f1=pi();     //获取圆周率的数值,带有小数点
11 $f2=3.1e2;    //科学记数法表示,小写e
12 $f3=300E-1;   //科学记数法表示,E大写与小写一样
13 $f4=$f1+$f2+$f3;
14 echo "f1=".$f1."<br>";
15 echo "f2=".$f2."<br>";
16 echo "f3=".$f3."<br>";
17 echo "f1+f2+f3=".$f4."<br>";
18 var_dump($f1);
19 var_dump($f2);
20 var_dump($f3);
21 ?>
22
23 </body>
```

```
学号:180101
姓名:李小明
性别:男
微信号:617282847
爱好:编程、篮球
```

图 1-13

2. 编写一个程序打印输出一个直角三角形造型。将编写的程序保存在 PHP 运行根目录下，命名为 T12.php。接着打开 phpStudy，运行 T12.php，效果如图 1-14 所示，截图保存为 T12.jpg。

```
1  <!DOCTYPE html PUBLIC "-//W3C//DTD XHTML 1.0 Trans
2  <html xmlns="http://www.w3.org/1999/xhtml">
3  <head>
4  <meta http-equiv="Content-Type" content="text/html
5  <title>无标题文档</title>
6  </head>
7
8  <body>
9  <?php
10     print("*");print("<br>");
11     print("**");print("<br>");
12     print("***");print("<br>");
13     print("****");print("<br>");
14     print("*****");print("<br>");
15     print("******");print("<br>");
16     print("*******");print("<br>");
17     print("********");print("<br>");
18 ?>
19 </body>
20 </html>
```

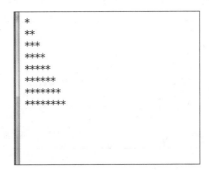

图 1-14

🖳 **小 贴 士**

print 是打印输出，在这里的作用与 echo 相同。print 与 echo 异同点如下。

相同点：①echo 和 print 都不是严格意义上的函数，它们都是语言结构，起输出作用；②它们都只能输出字符串型、整型、浮点型数据，都不能输出复合型和资源型数据。

不同点：echo 可以一次输出多个值，多个值之间用逗号分隔，echo 是语言结构，而并不是真正的函数，因此不能作为表达式的一部分使用。函数 print( ) 只能一次输出一个变量，打印一个值(它的参数)，如果字符串成功显示则返回 true，否则返回 false。

3. 打印输出一个等边三角形造型。请注意在 HTML 页面中   是空格标记，
是换行标记。将编写的程序保存在 PHP 运行根目录下，命名为 5. php。接着打开 phpStudy，运行 5. php，效果如图 1-15 所示，截图保存为 T13. jpg。

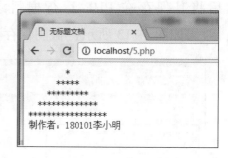

图 1-15

4. 编写一个程序打印输出特殊造型，如图 1-16 所示。请注意在 HTML 页面中   是空格标记，
是换行标记。将编写的程序保存在 PHP 运行根目录下，命名为 T14. php。接着打开 phpStudy，运行 T14. php，截图保存为 T14. jpg。

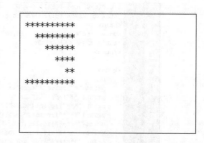

图 1-16

5. 编写一个程序打印输出图 1-17 所示造型。将编写的程序保存在 PHP 运行根目录下，命名为 T15. php。接着打开 phpStudy，运行 T15. php，截图保存为 T15. jpg。

6. 编写一个程序打印输出图1-18所示造型。将编写的程序保存在PHP运行根目录下，命名为T16.php。接着打开phpStudy，运行T16.php，截图保存为T16.jpg。

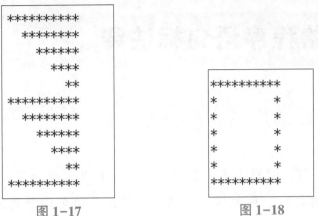

图1-17   图1-18

7. 打开phpStudy，设置PHP站点根目录为D:\phpWeb，服务端口为8086。PHP运行版本是5.3，重启phpStudy，将前面任务制作的01.php复制到D:\phpWeb目录下。在浏览器中打开01.php页面，查看运行效果，如图1-19所示。

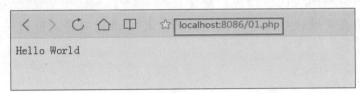

图1-19

8. 打开Dreamweaver，新建一个PHP页面，实现输出当前系统时间，保存为01.php，如图1-20所示，运行效果如图1-21所示。

图1-20

图1-21

【课外作业】

1. 什么是PHP？

2. 请你说说搭建PHP开发环境可以使用哪些集成开发工具。

3. 请你说说编写PHP代码可以使用哪些编辑工具。

任务二 ▶ 给程序语句标注释

【任务描述】

小明同学刚刚学习编程，对照书本上案例练习程序代码，也听了老师讲解，当时理解了，可是过了一段时间之后，再看程序代码，就将里面语句的作用就忘得一干二净。小明将这个问题向IT高手请教后，IT高手告诉他，可以为程序代码添加注释以提高程序可读性。PHP 代码注释方式主要有 3 种。在难以理解或者关键程序语句的上方或者语句后面加注释，这样做可以提高程序代码可读性，养成这种注释代码的习惯对以后学习编程很有帮助。为了方便自己或者他人以后阅读与使用编写的程序，知道程序里面语句的作用，也为了提高程序可读性、可维护性，小明在关键代码部分都做了注释，之前碰到问题就迎刃而解。

操作视频

【任务实现】

步骤1：打开 Dreamweaver，选择"文件\新建"菜单命令，在弹出的"新建文档"对话框中选择"页面类型\PHP"选项，新建一个 PHP 页面，并保存到 PHP 站点的根目录 WWW 下面，命名为 N12.php，如图 1-22 所示。

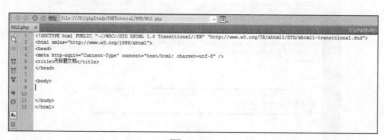

图 1-22

步骤2：在 N12.php 文件中输入程序代码，并在程序代码后面使用符号"//"进行单行注释，如图 1-23 所示。单行注释方式可以注释从"//"开始至此行结束为止的内容。

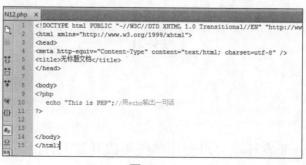

图 1-23

主要代码如下：

```php
<? php
  echo"This is PHP";                    //用echo输出一句话
? >
```

步骤3：保存PHP程序文件N12.php。

步骤4：启动phpStudy，如图1-24所示。

步骤5：运行程序文件N12.php，排除故障，根据故障提示调试好程序，程序正常运行结果如图1-25所示。

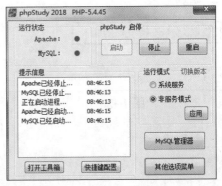

图1-24   图1-25

步骤6：在N12.php文件中步骤2输入的代码后面继续添加代码，以符号"/*　　*/"注释多行文字或者代码，如图2-26所示。多行注释方式可以注释从"/*"开始到"*/"为止的内容。

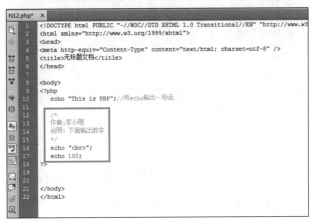

图1-26

输入的代码如下：

```
/*
作者:李小明
说明:下面输出数字
*/
echo"<br>";
echo 100;
```

步骤7：保存N12.php并在浏览器上运行。程序运行结果如图1-27所示。

步骤8：在 N12. php 中步骤 6 输入的代码后面继续添加代码，以符号"#"做注释，如图1-28所示。这是 Shell 风格的注释，可以注释从"#"开始到该行结束或者 PHP 结束标记为止的内容。

图 1-27

图 1-28

输入的代码如下：

```
echo"<br>";
echo"200";#这个语句与 echo 200 显示结果一样
```

步骤9：保存 N12. php 并在浏览器上运行。程序运行结果如图 1-29 所示。

图 1-29

【知识点拨】

1. 在编写程序的过程中，为了提高程序可读性经常需要对程序代码进行说明，或者为方便排查调试程序故障，通过注释掉部分代码而让被注释的部分代码不执行，从而缩小查找故障范围。做注释是程序编写的重要工作部分。

2. 常见注释方式有 3 种："//…""/*…*/""#…"。

【拓展训练】

1. 说说运行下面程序之后将会显示什么结果，请写在草稿本上，并动手将代码输入计算机中，执行代码，看看输出结果与刚才分析的结果是否一致。

```php
<? php
    /*
    学号:001
    作者:小红
    */
    echo"hello";
    echo"<br>";
    #echo"HI";
    echo"<br>";
    echo"Good Morning";
    //echo"<br>";
    echo"!";
? >
```

2. 小明刚刚学习编程，对程序编写格式还不够熟悉，下面的代码是他编写的使用3种注释方式进行注释的程序代码，可是在服务器上运行时报错，请帮他调试、修改好程序，让代码能够正常执行。当程序正常运行时，在浏览器上显示的结果如图1-30所示。

```php
<? php
    /*
    设计:王博
    时间:2020 年 3 月 1 日

    echo"My Name is Wangbo";

    echo"<br>
    echo"I am from China";    输出哪里人

    echo <br>";
    echo"I like Milk";  输出爱好
? >
```

图 1-30

【课外作业】

1. 在程序代码中添加注释有什么作用?

2. PHP 脚本注释方式主要有哪几种?

任务三 利用关键词输出当前程序行号

【任务描述】

小明向师兄请教如何学好编程时，师兄告诉小明学习编程与学习英语有点类似，学好一种程序语言，就像学好英语一样，需要掌握一些关键的单词，在 PHP 中叫作关键词，利用程序设计语言中预先定义好的关键词组成程序语句。这些关键词在 PHP 中代表着特殊含义，它让计算机明白人类需要解决的问题。小明很想知道一些关键词，这样可以告诉计算机"做事"了。

操作视频

【任务实现】

步骤 1：打开 Dreamweaver，选择"文件 \ 新建"菜单命令，在弹出的"新建文档"对话框中选择"页面类型 \ PHP"选项，新建一个 PHP 页面，并保存到 PHP 站点的根目录 WWW 下面，命名为 N13.php，如图 1-31 所示。

图 1-31

步骤 2：在 PHP 文件中输入代码，通过 __ LINE __ 显示代码行数，通过 __ FILE __ 显示 PHP 文件名字及路径，通过 PHP_VERSION 显示 PHP 的版本号，通过 PHP_OS 当前运行的操作系统。如图 1-32 所示。

```
1   <!DOCTYPE html PUBLIC "-//W3C//DTD XHTML 1.0 Transitional//EN" "http://
2   <html xmlns="http://www.w3.org/1999/xhtml">
3   <head>
4   <meta http-equiv="Content-Type" content="text/html; charset=utf-8" />
5   <title>无标题文档</title>
6   </head>
7
8   <body>
9   <?php
10
11      echo 1+2;
12      print "<br>";
13      echo "当前行号".__LINE__;
14      echo "<br>";
15      echo "文件名及路径".__FILE__;
16      echo "<br>";
17      echo "PHP版本号".PHP_VERSION;
18      echo "<br>";
19      echo "当前操作系统".PHP_OS;
20  ?>
21
22  </body>
23  </html>
```

图 1-32

参考代码如下：

```php
<? php
   echo 1+2;
   print"<br>";
   echo"当前行号".__LINE__;
   echo"<br>";
   echo"文件名及路径".__FILE__;
     echo"<br>";
   echo"PHP 版本号".PHP_VERSION;
     echo"<br>";
   echo"当前操作系统".PHP_OS;
? >
```

步骤3：保存 PHP 程序文件 N13. php。

步骤4：启动 phpStudy，如图1-33所示。

步骤5：运行程序文件 N13. php，排除故障，根据故障提示调试好程序。程序正常运行结果如图1-34所示。

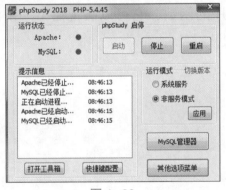

图 1-33

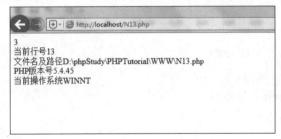

图 1-34

【知识点拨】

1. PHP 标识符。在 PHP 程序中需要自定义一些符号来标记一些名称，如变量名、函数名、类名等，这些符号被称为标识符。在 PHP 中定义标识符遵循以下规则：

(1)标识符不能以数字开始。

(2)标识符不能包含空格。

(3)标识符如果由多个单词组成，那么应该用下画线进行分割。

(4)标识符一般由字母、数字、下画线组成，可以为任意长度。

2. 关键词。在 PHP 中，系统预先定义好且含有特殊含义或者功能的单词，称为保留字，也叫作关键词，PHP 中保留了许多关键词，如 echo、print、__FILE__、__LINE__、exit()、die()、if、for、while、var、return、function、class 等。这些关键词都有特殊的作用，后面单元将会介绍到。

【拓展训练】

1. 使用 PHP 中关键词 rand，产生一个 1~100 之间的随机数字。rand 是随机函数，请查看 PHP 手册或帮助文件，了解此关键字使用方法。

```php
<? php
  echo rand(1,100);
? >
```

2. 使用关键词 var_dump( ) 输出变量详细信息。运行下面的代码，并分析运行结果。

```php
<? php
  $a=10;
  var_dump($a);
  $a="china";
  var_dump($a);
  var_dump(5>10);
? >
```

3. 在 PHP 中系统预定了关键词 exit( ) 是退出程序的函数，它可以实现输出一条消息，同时退出当前脚本。运行下面的代码，并分析运行结果。

```php
<? php
echo 10+20;
exit();
echo 10+50;
? >
```

4. 使用 PHP 预定常量 __FILE__ 输出文件路径。关键词 dirname(__FILE__) 用于获取当前文件的上一级目录。运行下面的代码，并分析运行结果。

```php
<? php
echo __FILE__;                        // 当前文件的绝对地址,D:\phpStudy\WWW\N134.php
echo"<br>";
echo dirname(__FILE__);
echo"<br>";
echo dirname(dirname(__FILE__));
? >
```

【课外作业】

1. 什么是标识符？

2. 什么是关键词？请列举几个常见关键词。

【单元小结】

通过本单元学习，学生明确了学习程序设计的目的、意义、作用，了解了程序设计的应用前景；掌握了利用 phpStudy、WAMP、LAMP、XAMPP、EasyPHP 等工具快速地搭建 PHP 程序开发与运行环境的方法；可以熟练地利用编辑工具 Dreamweaver 编写程序代码；掌握了 PHP 程序代码标记符，知道了在程序编写过程中一定要遵循程序语言书写规范、语法格式，也体会到了程序编写能力和程序调试、排错能力同样重要。

UNIT 2

单元 ②

掌握PHP开发基础

学习目标

- 了解 PHP 数据类型
- 学会常量的定义与运用
- 学会变量的定义与运用
- 学会 PHP 常用运算符的运用

【知识导引】

运算符与表达式是一个程序的基础，也是 PHP 程序的重要组成部分。本单元介绍 PHP 常量、变量、运算符、表达式等知识。

任务一 ▶ 认识 PHP 数据类型

【任务描述】

操作视频

PHP 支持 8 种数据类型，其中包括 4 种标量类型、两种复合类型和两种特殊类型。PHP 是一门松散类型语言，不必向 PHP 声明变量的数据类型，PHP 会自动把变量转换为相应的数据类型，具体包括：布尔型（Boolean）、整型（Integer）、浮点型（Float）、字符串型（String）、数组（Array）、对象（Object）、资源（Resource）、空值（Null）。标量类型数据只能存储一个数据，复合类型数据能存储一组数据。本单元主要介绍 4 种标量类型，其他数据类型后面单元会介绍。

【先导知识】

1. PHP 数据类型。在计算机中，数据是计算机操作的对象，一般每一个数据都有其类型。对于强类型的编程语言 C++、C#、Java 等，具备相同类型的数据才可以进行运算操作。PHP 是弱类型语言，但在某些特定的场合，仍然需要正确的类型。

2. 强类型指的是程序中表达的任何对象所从属的类型都必须能在编译时确定。强类型是针对类型检查的严格程度而言的，它指任何变量在使用的时候必须指定这个变量的类型，而且在程序的运行过程中这个变量只能存储这种类型的数据。因此，对于强类型语言，一个变量不经过强制类型转换，就永远是这种数据类型，不允许隐式的类型转换。例如：定义了一个 double 类型变量 a，不经过强制类型转换，则程序 int b = a 无法通过编译。

3. 认识弱类型编程语言特点。弱类型语言的类型检查很弱，仅能严格地区分指令和数据。下面几行代码是用弱类型程序语言编写的：

```
a=1
b=a+"1"+"a"                    //结果是 11a,这里 a 成了字符串
c=a+1                          //结果是 2,这里 a 则是数字型
```

4. PHP 包含的数据类型。

（1）四种标量类型：布尔型（Boolean）、整型（Integer）、浮点型（Float）、字符串型（String）。

（2）两种复合类型：数组（Array）、对象（Object）。

（3）两种特殊类型：资源（Resource）、空值（Null）。

5. 在 PHP 中定义字符串可以使用 3 种方式。

（1）单引号(')。

（2）双引号(")。

（3）定界符(<<<)。

6. 认识复合数据类型。复合数据类型是将多个简单的数据类型组合在一起，存储在一个变量名中，通过这个变量名表示这一组数据。复合数据类型包含数组、对象两种类型。

【任务实现】

步骤1：使用整型数据。整型数据只能包含整数，在 32 位操作系统中，能保存数值的范围为 -2147483648 ~ +2147483647。整型数据常使用十进制表示，也可以使用八进制、十六进制来表示。若使用八进制表示，前面必须加 0；若使用十六进制表示，前面必须加 0x，如图 2-1 所示。

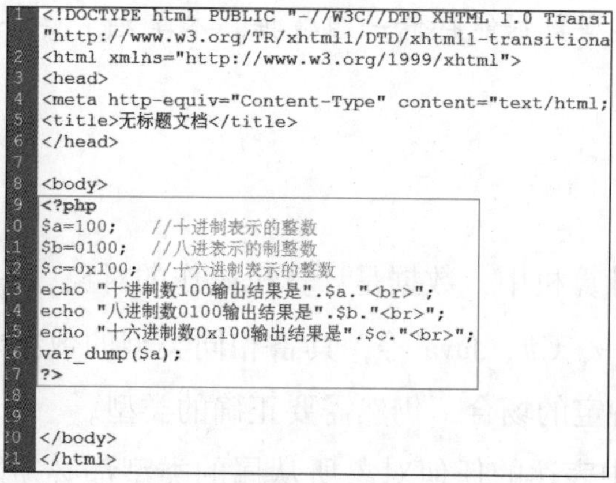

```
1  <!DOCTYPE html PUBLIC "-//W3C//DTD XHTML 1.0 Transi
   "http://www.w3.org/TR/xhtml1/DTD/xhtml1-transitiona
2  <html xmlns="http://www.w3.org/1999/xhtml">
3  <head>
4  <meta http-equiv="Content-Type" content="text/html;
5  <title>无标题文档</title>
6  </head>
7
8  <body>
9  <?php
10 $a=100;    //十进制表示的整数
11 $b=0100;   //八进制表示的整数
12 $c=0x100;  //十六进制表示的整数
13 echo "十进制数100输出结果是".$a."<br>";
14 echo "八进制数0100输出结果是".$b."<br>";
15 echo "十六进制数0x100输出结果是".$c."<br>";
16 var_dump($a);
17 ?>
18
19
20 </body>
21 </html>
```

图 2-1

主要代码如下：

```
<? php
$a=100;                              //十进制表示的整数
$b=0100;                             //八进制表示的制整数
$c=0x100;                            //十六进制表示的整数
echo"十进制数 100 输出结果是". $a. "<br>";
echo"八进制数 0100 输出结果是". $b. "<br>";
echo"十六进制数 0x100 输出结果是". $c. "<br>";
var_dump($a);
? >
```

使用计算机自带的计算器程序可以计算八进制、十六进制表示的整数。使用 echo 可以输出变量值，使用 var_dump 可以输出变量类型与变量值。

步骤2：保存程序，查看整型数据程序代码运行结果，如图2-2所示。

步骤3：使用浮点型数据。浮点型数据类型主要用来存储小数，也可以用来存储整数，能保存的数据精度比整数大很多。在 PHP4.0 以前的版本，浮点型的标识为 double，也叫双精度浮点数，与 float 没什么区别。下面定义与使用浮点型小数，如图2-3所示。

图2-2

图2-3

主要代码如下：

```php
<? php
$f1=3.14;                            //定义浮点型小数
$f2=1.2e3;                           //科学记数法表示,小写 e
$f3=2.5E-2;                          //科学记数法表示,E 大写与小写一样
echo"f1=". $f1."<br>";
echo"f2=". $f2."<br>";
echo"f3=". $f3."<br>";
var_dump($f1);
var_dump($f2);
var_dump($f3);
? >
```

步骤4：保存程序，查看浮点型数据程序代码运行结果，如图2-4所示。

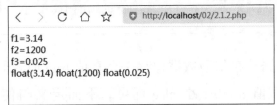

图2-4

步骤5：使用字符串型数据。字符串是一串连续的字符序列，可以由数字、字母和符号构成，字符串中的每个字符占一个字节。在 PHP 中定义字符串可以使用 3 种方式：单引号(')、双引号(")、定界符(<<<)定义字符串。常见的定义字符串的方式是使用单引号或者双引号。单引号定义的字符串只能原样输出，即使字符串中包含变量也不会替换；使用双引号定义的字符串，如果字符串中包含变量名，执行时会自动替换成变量的值再输出。下面定义与使用字符串型数据，如图 2-5 所示。

```
1  <!DOCTYPE html PUBLIC "-//W3C//DTD XHTML 1.0 Transitional//EN"
   "http://www.w3.org/TR/xhtml1/DTD/xhtml1-transitional.dtd">
2  <html xmlns="http://www.w3.org/1999/xhtml">
3  <head>
4  <meta http-equiv="Content-Type" content="text/html; charset=utf-8" />
5  <title>无标题文档</title>
6  </head>
7
8  <body>
9  <?php
10 $str1="php";           //双引号定义字符串
11 $str2="I like $str1";   //双引号定义字符串,包含有变量$str1
12 $str3='I like $str1';   //单引号定义字符串,包含有变量$str1
13 echo "str1=".$str1."<br>";
14 echo "str2=".$str2."<br>";
15 echo "str3=".$str3."<br>";
16 var_dump($str1);
17 var_dump($str2);
18 var_dump($str3);
19 ?>
20
21 </body>
22 </html>
23
```

图 2-5

主要代码如下：

```php
<? php
$str1="php";                    //双引号定义字符串
$str2="I like $str1";           //双引号定义字符串,包含变量$str1
$str3='I like $str1';           //单引号定义字符串,包含变量$str1
echo"str1=". $str1."<br>";
echo"str2=". $str2."<br>";
echo"str3=". $str3."<br>";
var_dump($str1);
var_dump($str2);
var_dump($str3);
? >
```

步骤6：保存程序，查看字符串型数据程序代码运行结果，如图 2-6 所示。

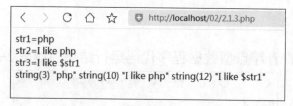

图 2-6

步骤7：使用布尔型数据。布尔型数据保存一个真值 true 或者假值 false。若要定义一个布尔型的变量，只要给变量赋值 true 或者 false 即可。下面定义与使用布尔型数据，如图 2-7 所示。

```
2.1.4.php (XHTML) ×
1  <!DOCTYPE html PUBLIC "-//W3C//DTD XHTML 1.0 Transitional//EN"
   "http://www.w3.org/TR/xhtml1/DTD/xhtml1-transitional.dtd">
2 ▼ <html xmlns="http://www.w3.org/1999/xhtml">
3 ▼ <head>
4  <meta http-equiv="Content-Type" content="text/html; charset=utf-8" />
5  <title>无标题文档</title>
6  </head>
7
8 ▼ <body>
9 ▼ <?php
10 $b1=true;          //定义$b1变量并赋真值true
11 $b2=5>3;           //5>3的结果为真,赋值给$b2
12 $b3=false;         //定义$b3变量并赋假值false
13
14 echo "b1=".$b1."<br>";
15 echo "b2=".$b2."<br>";
16 echo "b3=".$b3."<br>";
17
18 var_dump($b1);
19 var_dump($b2);
20 var_dump($b3);
21 ?>
22 </body>
23 </html>
```

图 2-7

主要代码如下：

```
<? php
$b1=true;                //定义 $b1 变量并赋真值 true
$b2=5>3;                 //5>3 的结果为真,赋值给 $b2
$b3=false;               //定义 $b3 变量并赋假值 false

echo"b1=". $b1."<br>";
echo"b2=". $b2."<br>";
echo"b3=". $b3."<br>";

var_dump( $b1);
var_dump( $b2);
var_dump( $b3);
? >
```

小 贴 士

布尔值 true，转换成字符串是"1"；布尔值 false，转换成字符串是空字符串""。

步骤 8：保存程序，查看布尔型数据程序代码运行结果，如图 2-8 所示。

步骤 9：使用数组。数组属于复合数据类型，具体后面单元会介绍。这里定义一个简单的数组数据并使用它，如图 2-9 所示。

```
‹ › C ⌂ ☆    http://localhost/02/2.1.4.php

b1=1
b2=1
b3=
bool(true) bool(true) bool(false)
```

图 2-8

```
2.1.5.php (XHTML) ×
1  <!DOCTYPE html PUBLIC "-//W3C//DTD XHTML 1.0 Transitional//EN"
   "http://www.w3.org/TR/xhtml1/DTD/xhtml1-transitional.dtd">
2 ▼ <html xmlns="http://www.w3.org/1999/xhtml">
3 ▼ <head>
4  <meta http-equiv="Content-Type" content="text/html; charset=utf-8" />
5  <title>无标题文档</title>
6  </head>
7
8 ▼ <body>
9 ▼ <?php
10 $shuiguo=array("apple","banana","pear");//定义一个数组,里面存储着3个数据
11 echo $shuiguo[0]."<br>";//输出第1个数据
12 echo $shuiguo[1]."<br>";//输出第2个数据
13 echo $shuiguo[2]."<br>";//输出第3个数据
14 var_dump($shuiguo);      //输出整个数组。包括里面3个数据以及3个数据的类型
15 ?>
16
17 </body>
18 </html>
19
```

图 2-9

主要代码如下：

```php
<? php
 $shuiguo=array("apple","banana","pear");   //定义一个数组,里面存储着3个数据
echo $shuiguo[0]."<br>";                    //输出第1个数据
echo $shuiguo[1]."<br>";                    //输出第2个数据
echo $shuiguo[2]."<br>";                    //输出第3个数据
var_dump($shuiguo);           //输出整个数组,包括里面3个数据以及3个数据的类型
?>
```

🖥 小 贴 士

　　数组是使用一个统一的名称来表示一组数据，数组里面的数组元素可以通过数组下标来区分，数组下标默认从0开始编号。在大数据处理过程中经常需要借助数组来处理数据，用一个变量名称表示一大片待处理的数据，通过元素编号表示不同数据元素。

　　步骤10：保存程序，查看数组数据程序代码运行结果，如图2-10所示。

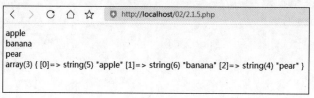

图 2-10

【拓展训练】

　　1. 以十进制、八进制、十六进制整型数据表示数值并输出，查看输出结果，如图2-11所示。

图 2-11

主要代码如下：

```php
<? php
$a=300;
$b=0454;
$c=0x12C;
echo"十进制数 300 输出结果是". $a."<br>";
echo"八进制数 0454 输出结果是". $b."<br>";
echo"十六进制数 0x12C 输出结果是". $c."<br>";
var_dump($c);
? >
```

2. 以十进制、八进制、十六进制整型数据表示数值，同时进行运算，查看程序运行后的输出结果是否跟预期的输出结果一致，如图 2-12 所示。

图 2-12

主要代码如下：

```php
<? php
$a=200;
$b=100;
$c=0200;
$d=$a+$b;
$e=$a+$c;
echo"十进制数 100 输出结果是". $a."<br>";
echo"八进制数 0200 输出结果是". $c."<br>";
echo"a+b=". $d."<br>";
echo"a+c=". $e."<br>";
? >
```

3. 以浮点型小数、科学计数法表示小数数值，同时进行运算，查看程序运行后的输出结果是否跟预期的输出结果一致，如图 2-13 所示。

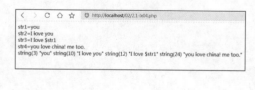

图 2-13

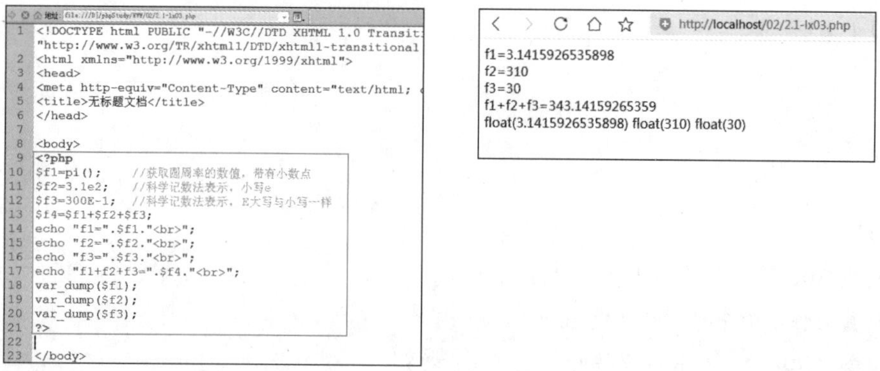

主要代码如下：

```php
<? php
$f1=pi();                      //获取圆周率的数值,带有小数点
$f2=3.1e2;                     //科学计数法表示,小写 e
$f3=300E-1;                    //科学计数法表示,E 大写与小写一样
$f4=$f1+$f2+$f3;
echo"f1=".$f1."<br>";
echo"f2=".$f2."<br>";
echo"f3=".$f3."<br>";
echo"f1+f2+f3=".$f4."<br>";
var_dump($f1);
var_dump($f2);
var_dump($f3);
? >
```

4. 使用双引号、单引号、定界符 3 种方式分别定义字符串，注意这 3 种定义方式的异同点，同时查看程序运行后的输出结果是否跟预期的输出结果一致，如图 2-14 所示。

图 2-14

主要代码如下：

```php
<? php
$str1="you";                   //双引号定义字符串
$str2="I love $str1";          //双引号定义字符串,包含变量 $str1
$str3='I love $str1';          //单引号定义字符串,包含变量 $str1
```

```
$str4 = <<<str
you love china!
me too.
str;
echo"str1=". $str1."<br>";
echo"str2=". $str2."<br>";
echo"str3=". $str3."<br>";
echo"str4=". $str4."<br>";
var_dump( $str1);
var_dump( $str2);
var_dump( $str3);
var_dump( $str4);
? >
```

5. 使用布尔型数据，将比较结果真值或者假值存储在布尔型变量中，同时查看程序运行后的输出结果是否跟预期的输出结果一致，如图 2-15 所示。

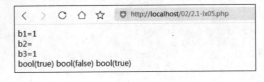

图 2-15

主要代码如下：

```
<? php
$ tianqi ="下雨";
$ b1 = $ tianqi == "下雨";        //"=="是比较运算符,将比较的结果真值或假值赋给 $ b1
$ b2 = $ tianqi == "天晴";        //"=="是比较运算符,将比较的结果真值或假值赋给 $ b2
$ b3 = 10 >= 0;                  //">="是比较运算符,将比较的结果真值或假值赋给 $ b3

echo"b1=". $ b1. "<br>";
echo"b2=". $ b2. "<br>";
echo"b3=". $ b3. "<br>";

var_dump( $ b1);
var_dump( $ b2);
var_dump( $ b3);
? >
```

6. 使用数组类型定义一个数组变量，用 $qiche 存储汽车品牌的数据，然后通过循环语句输出数组里面的数组元素及其类型，如图 2-16 所示。

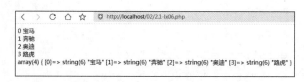

图 2-16

主要代码如下：

```php
<? php
$qiche=array("宝马","奔驰","奥迪","路虎");  //定义一个数组,存储着 4 个数据
foreach( $qiche as $bianhao=>$shuzhi)
{
echo $bianhao."  ". $shuzhi."<br>";
}
var_dump( $qiche);                        //输出整个数组,包括里面的 4 个数组元素及其类型
? >
```

【课外作业】

1. PHP 中常见数据类型有哪几种？

2. 标量数据类型与复合数据类型有哪些异同点？

3. 阅读图 2-17 所示程序代码，写出程序执行的输出结果：_____、_____、_____、_____、_____、_____。

4. 阅读图 2-18 所示程序代码，写出程序执行的输出结果：_____、_____、_____、_____、_____。

图 2-17

图 2-18

任务二　定义与使用常量

【任务描述】

在 PHP 中，常量分为自定义常量和系统(预定义)常量。一般情况下常量名全部字母用大写。常量定义后默认是全局的，在脚本的任何位置都可以使用。下面介绍如何自定义常量及如何使用自定义常量和系统(预定义)常量。学生应掌握使用常量解决问题的方法。

操作视频

【先导知识】

1. 认识常量。常量用来存储不经常改变的数据值。生活中有些事物需要用数值来表示，比如汇率、存款利息、价格、圆周率等。在程序的整个执行过程中，这些数值不可改变，比如圆周率为 3.14，单价为 5 等。这些数值都可以被定义为常量。

2. 常量分类。常量一般分为用户自定义常量、系统常量。

3. 用户自定义常量方法。使用 define( )函数来声明自定义常量。define( )函数语法格式如下：

```
define(string name,mixed value,[,bool case_insensitived=false])
```

(1)name 声明常量的名称，一般是由大写字母组成，是必选参数。

(2)value 声明自定义常量的值，是必选参数。

(3)case_ insensitived 指定是否大小写敏感，若设定为 true，则大小写不敏感。

4. 使用自定常量的两种方式。

(1)使用 constant( )函数获取常量的值。constant( )函数语法格式如下：

```
constant(string name);
```

(2)直接通过常量的名称 name 获取常量的值。

5. 系统常量，也称为预定义常量。在 PHP 中，除了开发人员可以按照上面介绍的方法自定义常量之外，PHP 提供了很多预定义常量。通过预定义常量，开发人员可以获取 PHP 中的各种信息，但不可以更改这些常量的值，见表 2-1。

表 2-1　PHP 中的预定义常量

常量名	功能说明
__FILE__	默认常量，表示 PHP 程序文件名及路径

常量名	功能说明
__DIR__	当前文件的绝对路径(不包含文件名)
__LINE__	默认常量，表示 PHP 程序的行数
__FUNCTION__	返回当前函数(或方法)的名称
PHP_VERSION	内建常量，表示 PHP 程序的版本
PHP_OS	内建常量，表示 PHP 解析器的操作系统的名称
TRUE	该常量是真值(true)
FALSE	该常量是假值(false)
NULL	该常量是空值(null)
E_ERROR	该常量指示最近的错误处
E_WARNING	该常量指示最近的警告处
E_PARSE	该常量指示解析语法有潜在的问题处
E_NOTICE	该常量指示发生不同寻常的状况，但不一定是错误处

【任务实现】

步骤 1：自定义常量与使用常量。定义一个表示圆周率的常量 PI 和另一个表示单价的常量 PRICE，然后使用常量，如图 2-19 所示。

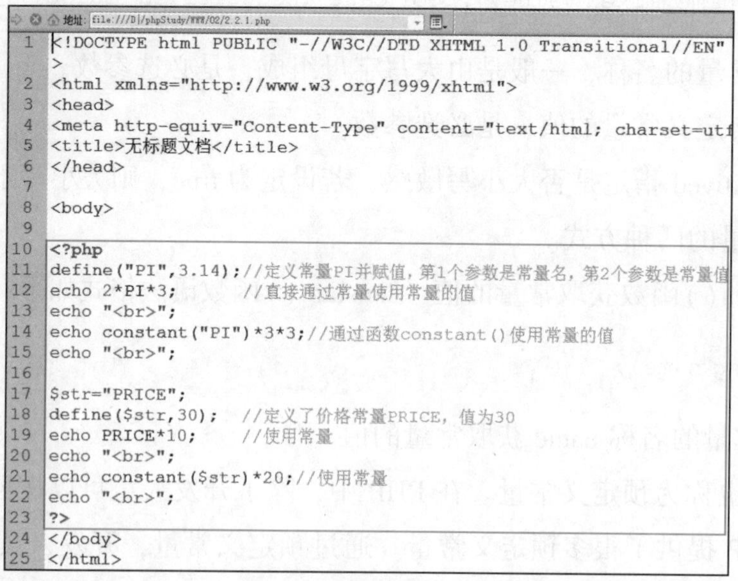

```
1  <!DOCTYPE html PUBLIC "-//W3C//DTD XHTML 1.0 Transitional//EN"
   >
2  <html xmlns="http://www.w3.org/1999/xhtml">
3  <head>
4  <meta http-equiv="Content-Type" content="text/html; charset=utf
5  <title>无标题文档</title>
6  </head>
7
8  <body>
9
10 <?php
11 define("PI",3.14);//定义常量PI并赋值，第1个参数是常量名，第2个参数是常量值
12 echo 2*PI*3;        //直接通过常量使用常量的值
13 echo "<br>";
14 echo constant("PI")*3*3;//通过函数constant()使用常量的值
15 echo "<br>";
16
17 $str="PRICE";
18 define($str,30);    //定义了价格常量PRICE，值为30
19 echo PRICE*10;      //使用常量
20 echo "<br>";
21 echo constant($str)*20;//使用常量
22 echo "<br>";
23 ?>
24 </body>
25 </html>
```

图 2-19

主要代码如下：

```
<? php
define("PI",3.14);              //定义常量 PI 并赋值,第 1 个参数是常量名,第 2 个参数是常量值
echo 2 * PI * 3;               //直接通过常量使用常量的值
```

```
echo"<br>";
echo constant("PI")*3*3;              //通过函数 constant()使用常量的值
echo"<br>";

$str="PRICE";
define($str,30);                      //定义了价格常量 PRICE,值为 30
echo PRICE*10;                        //使用常量
echo"<br>";
echo constant($str)*20;               //使用常量
echo"<br>";
? >
```

小 贴 士

定义常量应使用 define( )函数。使用常量有直接通过常量名使用与通过函数使用两种方式。注意使用常量与变量的区别,变量名前面有 $ 符号,而常量名前面没有这个符号。

步骤2:保存程序,查看整型数据程序代码运行结果,如图 2-20 所示。

步骤3:使用系统常量获取 PHP 的信息。这里使用内置系统常量__FILE__、__LINE__、PHP_VERSION、PHP_OS 获取文件、代码行号、PHP 解释器的版本、运行 PHP 的操作系统名称等,代码如图 2-21 所示。

图 2-20

图 2-21

主要代码如下:

```
<? php
echo __FILE__ . "<br>";           //PHP 程序文件名,可以获取当前文件在服务器的位置
echo __LINE__ . "<br>";           //PHP 程序文件行数,可以告诉我们当前代码在第几行
echo PHP_VERSION. "<br>";          //当前解析器的版本号,获取当前 PHP 解析器的版本号
echo PHP_OS. "<br>";              //当前 PHP 的操作系统名称,获取操作系统名称
? >
```

步骤4:保存程序,通过系统常量获取 PHP 信息,如图 2-22 所示。

图 2-22

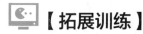【拓展训练】

1. 自定义常量，使用自定义常量和系统常量，查看输出结果，如图 2-23 所示。

图 2-23

主要代码如下：

```php
<? php
define("HUILV",6.5,$case_insensitive=true);//定义汇率常量 HUILV
echo HUILV."<br>";
echo Huilv."<br>";
echo constant("HUILV")*100;//通过函数 constant()使用常量
echo"<br>";

echo"当前文件路径:".__FILE__."<br>";
echo"PHP 版本信息:".PHP_VERSION."<br>";
echo"当前操作系统:".PHP_OS."<br>";
? >
```

2. 下面的一段代码是小明同学编写的有关常量的应用程序代码。由于对常量相关知识不够熟练，编写的程序有错，如图 2-24 所示。请你帮他修改、调试程序，使得程序能够正常运行。

图 2-24

主要代码如下：

```php
<? php
define("PI",3.14,$case_insensitive=false);    //定义圆周率常量 PI
echo PI. "<br>";
echo Pi. "<br>";
echo 2 * constant("pi")*100;                  //通过函数 constant()使用常量
echo"<br>";


$ c ="COUNT";
define($c,50);                                //定义常量 COUNT
echo COUNT;
echo $c;


echo"当前文件路径:".__FILE__."<br>";
echo"PHP 版本信息:".PHP-VERSION. "<br>";


? >
```

3. 下面定义圆周率的两种取值，根据精度要求选择对应圆周率取值来计算圆的面积，如图 2-25 所示。

图 2-25

主要代码如下：

```php
<? php
//定义圆周率的两种取值
define("PI1",3.14);
define("PI2",3.1);
//表示精度的变量 $jingdu
$jingdu ="中";
//根据精度要求选择精度,返回常量名,使常量成为一个可变的常量
```

```php
if($jingdu =="中")
{
    $p ="PI1";
}
else if($jingdu =="低")
{
    $p ="PI2";
}
$r=10;
$s = constant($p)*$r*$r;
echo $s;
?>
```

【课外作业】

1. 简述常量的定义。

2. 简述常量分类。

3. 获取自定义常量值的方法有哪些？

4. 阅读图 2-26 所示程序代码，写出程序运行的输出结果：_____、_____、
_____、_____、_____。

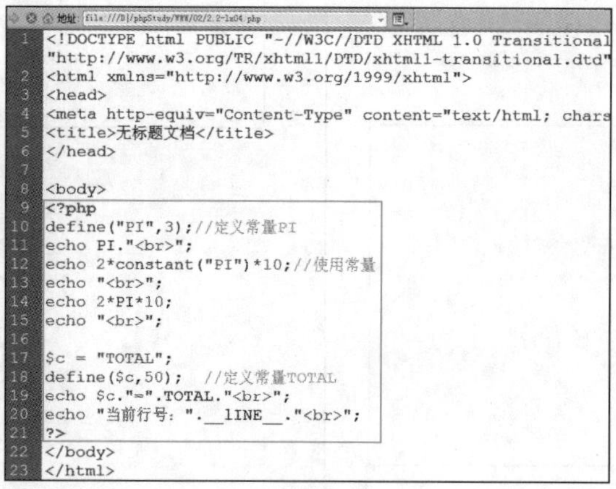

```
1  <!DOCTYPE html PUBLIC "-//W3C//DTD XHTML 1.0 Transitional
   "http://www.w3.org/TR/xhtml1/DTD/xhtml1-transitional.dtd"
2  <html xmlns="http://www.w3.org/1999/xhtml">
3  <head>
4  <meta http-equiv="Content-Type" content="text/html; chars
5  <title>无标题文档</title>
6  </head>
7
8  <body>
9  <?php
10 define("PI",3);//定义常量PI
11 echo PI."<br>";
12 echo 2*constant("PI")*10;//使用常量
13 echo "<br>";
14 echo 2*PI*10;
15 echo "<br>";
16
17 $c = "TOTAL";
18 define($c,50);   //定义常量TOTAL
19 echo $c."=".TOTAL."<br>";
20 echo "当前行号: ".__lINE__."<br>";
21 ?>
22 </body>
23 </html>
```

图 2-26

主要代码如下：

```php
<? php
define("PI",3);                      //定义常量 PI
echo PI."<br>";
echo 2*constant("PI")*10;            //使用常量
echo"<br>";
echo 2*PI*10;
echo"<br>";
```

```
$c ="TOTAL";
define($c,50);                          //定义常量 TOTAL
echo $c."=".TOTAL."<br>";
echo"当前行号:"._lINE_."<br>";
?>
```

任务三 定义与使用变量

【任务描述】

在 PHP 中变量分为自定义变量和预定义变量，开发人员通过定义变量来访问内存中的存储单元，用变量来存储程序运行过程中可以改变的数值。下面介绍如何定义变量与如何使用变量解决问题。

操作视频

【先导知识】

1. 认识变量。变量用来存储程序执行过程中可以改变的量。在程序执行过程中，随时可能产生临时数据，这些临时数据可以用变量来存储。在 PHP 中，变量可以看成是计算机中的内存单元，开发人员可以定义变量，通过变量访问内存的存储区，并对内存的存储区进行读、写操作。比如在进行计算、统计、数据分析、逻辑分析时，经常借助变量来存储程序运行过程中的临时数据。编写程序代码时经常会根据需要定义一些变量，以便借助变量保存程序运行时的中间数据或者中间结果。

2. 变量的表示。PHP 中变量名称由 $ 和标识符组成。

3. 变量命名规则。

(1)变量名必须以符号 $ 开始。

(2)变量名不能以数字开头。

(3)变量名中可以包含字母、数字、下画线，但不能包含汉字字符、中文字符。

(4)变量名中不能包含空格。

(5)PHP 变量名区分大小写。

4. 需注意的是变量要先定义后使用。

5. 变量的定义与使用。由于 PHP 是一种弱类型语言，变量不需要显式声明，因此，一般情况下，变量的定义与赋值是同时进行的，即直接将一个值通过符号"="赋给变量，与此同时也就定义了一个变量，计算机将给变量在内存中分配存储单元，通过变量即可对内存的存

储单元进行读写，如图 2-27 所示。

6. 变量传值赋值。使用符号"="将一个变量的值赋给另外一个变量，如图 2-28 所示。

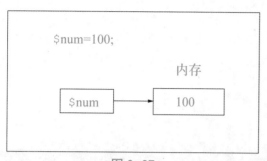

图 2-27

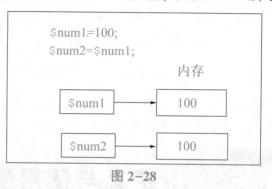

图 2-28

7. 变量引用赋值。引用赋值是指通过指针的方式指向另外一个变量的内存存储单元，相当于用不同名字来访问同一个变量内容，用这种赋值方式定义新变量时，不会单独分配存储空间给这个新变量，如图 2-29 所示。

8. 可变变量。可变变量是比较特殊的变量，变量的名称不是预先定义好，而是动态设置和使用的。

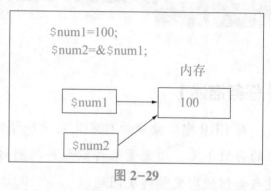

图 2-29

可变变量是指使用一个变量的值作为另外一个变量的名称，因此可变变量被称为变量的变量。

9. PHP 变量的作用域。PHP 有 3 种不同的变量作用域：local、global、static。

10. PHP 预定义变量。在 PHP 中，开发人员可以按照上文所述方法自定义变量。此外，PHP 还提供了很多实用的预定义变量。通过预定义变量，开发人员可以获取用户会话、用户操作系统的环境、本地操作系统的环境等信息。常用的预定义变量见表 2-2。

表 2-2　常用的预定义变量

变量名	功能说明
$_SERVER	服务器信息变量，包含了诸如头信息（header）、路径
$_SERVER['PHP_SELF']	当前正在执行脚本的文件名，与 document root 相关。比如，地址 http://a.com/01/1.php 的脚本中使用 $_SERVER['PHP_SELF'] 将得到 /01/1.php 这结果
$_SERVER['HTTP_HOST']	当前请求的 Host：头部的内容
$_SERVER['REMOTE_PORT']	用户连接到服务器时所使用的端口
$_SERVER['REMOTE_ADDR']	正在浏览当前页面的用户的 IP 地址
$_SERVER['SERVER_PORT']	服务器所使用的端口，默认为"80"
$_SESSION	包含与所有会话变量有关的信息，主要用于会话控制和页面之间值的传递
$_COOKIE	通过 HTTP Cookies 方式传递给当前脚本的信息

续表

变量名	功能说明
$_POST	主要用于获取通过 POST 方法传递提交过来的数据
$_GET	主要用于获取通过 GET 方法传递提交过来的数据
$_FILES	HTTP 文件上传变量，通过 HTTP POST 方式上传到当前脚本的项目的数组

11. 字符串连接，在 PHP 中是用点(.)来表示的，而在其他语言中是用加号(+)来表示的。

【任务实现】

步骤 1：自定义变量与使用变量。定义一个变量 $i、另一个变量 $price，然后输出变量的值并输出变量的详细信息，如图 2-30 所示。

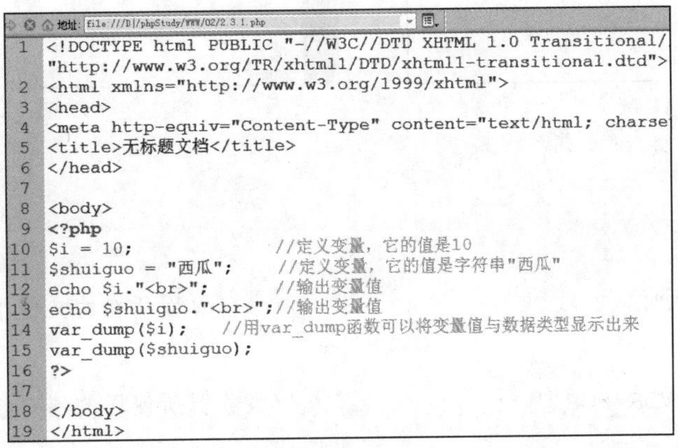

```
<!DOCTYPE html PUBLIC "-//W3C//DTD XHTML 1.0 Transitional/
"http://www.w3.org/TR/xhtml1/DTD/xhtml1-transitional.dtd">
<html xmlns="http://www.w3.org/1999/xhtml">
<head>
<meta http-equiv="Content-Type" content="text/html; charse
<title>无标题文档</title>
</head>

<body>
<?php
$i = 10;              //定义变量，它的值是10
$shuiguo = "西瓜";     //定义变量，它的值是字符串"西瓜"
echo $i."<br>";       //输出变量值
echo $shuiguo."<br>";//输出变量值
var_dump($i);    //用var_dump函数可以将变量值与数据类型显示出来
var_dump($shuiguo);
?>

</body>
</html>
```

图 2-30

主要代码如下：

```
<? php
$i = 10;                        //定义变量,它的值是 10
$shuiguo ="西瓜";               //定义变量,它的值是字符串"西瓜"
echo $i."<br>";                 //输出变量值
echo $shuiguo."<br>";           //输出变量值
var_dump($i);                   //用 var_dump 函数可以将变量值与数据类型显示出来
var_dump($shuiguo);
? >
```

小 贴 士

定义变量，一般是通过赋值的方式直接定义变量，使用符号“=”将值赋给变量；而定义常量则需要用到 define( )函数。用 var_dump 函数可以查看变量详细信息，包括变量类型、变量值等。

步骤 2：保存程序，查看变量定义与使用的程序代码运行结果，如图 2-31 所示。

步骤 3：使用系统变量获取 PHP 的用户会话、系统等信息，这里使用内置预定义变量 $_SERVER['DOCUMENT_ROOT']、$_SERVER['SERVER_PORT']、$_SERVER['HTTP_HOST']、$_SERVER['PHP_SELF']获取服务器根目录、服务器端口号、服务器主机名、目前浏览页面文件名等，代码如图 2-32 所示。

图 2-31

图 2-32

主要代码如下：

```php
<? php
echo $_SERVER['DOCUMENT_ROOT'];              //当前页面所在的文档根目录,在服务中设置
echo"<br>";
echo $_SERVER['SERVER_PORT'];                //服务器所使用的端口,默认为"80"
echo"<br>";

echo $_SERVER['HTTP_HOST'];                  //当前浏览页面的主机名
echo"<br>";
echo $_SERVER['PHP_SELF'];                   //当前脚本执行的文件名
echo"<br>";

$url_this ="http://". $_SERVER['HTTP_HOST']. $_SERVER['PHP_SELF'];
echo $url_this;
? >
```

步骤 4：保存程序，通过预定义变量查看服务器信息，如图 2-33 所示。

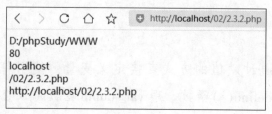

图 2-33

【拓展训练】

1. 定义变量。首先定义变量 $str、$val，在内存中分配 2 个存储单元，分别保存 2 个变量的值。接着定义常量 PI，然后输出常量 PI 与变量 $str，注意输出常量与输出变量的区别，如图 2-34 所示。

图 2-34

主要代码如下：

```php
<? php
$str="PI";
$val=3.14;
define($str,$val);
echo PI."<br>";
echo $str."<br>";
? >
```

2. 变量值按值传递，调试运行程序，效果如图 2-35 所示。

图 2-35

主要代码如下：

```php
<? php
$num1=100;
$num2=$num1+200;
$str1="php";
```

```
$str2="I love".$str1;
echo $num2."<br>";
echo $str2."<br>";
var_dump($num2)."<br>";
var_dump($str2)."<br>";
?>
```

3. 变量值按引用传递与定义可变变量。请先写出程序运行之后输出结果，调试运行程序，查看程序输出结果跟预期的结果是否一致。程序代码如图 2-36 所示。

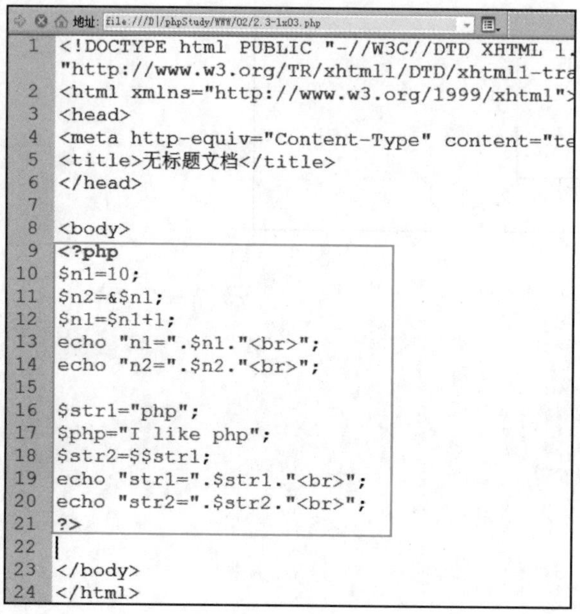

```
1  <!DOCTYPE html PUBLIC "-//W3C//DTD XHTML 1.
   "http://www.w3.org/TR/xhtml1/DTD/xhtml1-tra
2  <html xmlns="http://www.w3.org/1999/xhtml">
3  <head>
4  <meta http-equiv="Content-Type" content="te
5  <title>无标题文档</title>
6  </head>
7
8  <body>
9  <?php
10 $n1=10;
11 $n2=&$n1;
12 $n1=$n1+1;
13 echo "n1=".$n1."<br>";
14 echo "n2=".$n2."<br>";
15
16 $str1="php";
17 $php="I like php";
18 $str2=$$str1;
19 echo "str1=".$str1."<br>";
20 echo "str2=".$str2."<br>";
21 ?>
22 |
23 </body>
24 </html>
```

图 2-36

主要代码如下：

```
<? php
$n1=10;
$n2=&$n1;
$n1=$n1+1;
echo"n1=".$n1."<br>";
echo"n2=".$n2."<br>";

$str1="php";
$php="I like php";
$str2=$$str1;
echo"str1=".$str1."<br>";
echo"str2=".$str2."<br>";
?>
```

4. 图 2-37 所示的一段代码是小明同学在编写有关变量应用的程序代码，由于对变量相关知识不够熟练，编写的程序有错。请你帮他修改、调试程序，使程序能够正常运行。

主要代码如下：

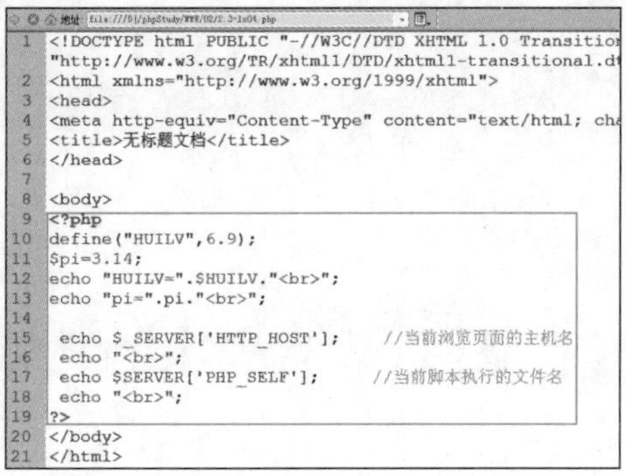

图 2-37

```php
<? php
define("HUILV",6.9);
$pi=3.14;
echo"HUILV=". $HUILV. "<br>";
echo"pi=".pi. "<br>";

echo $ _SERVER['HTTP_HOST'];        //当前浏览页面的主机名
echo"<br>";
echo $ SERVER['PHP_SELF'];          //当前脚本执行的文件名
echo"<br>";
? >
```

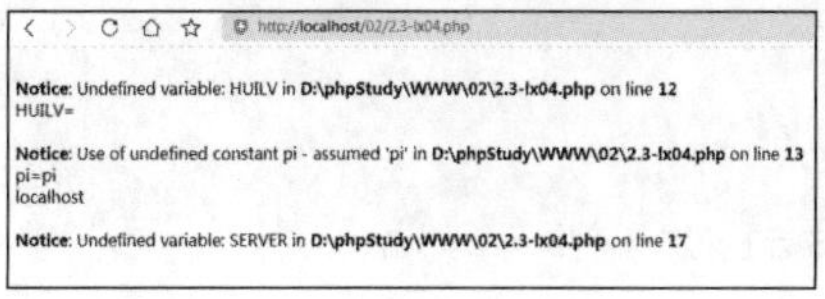

【课外作业】

1. 简述变量的定义。

2. 简述变量分类。

3. 变量命名规则一般有哪些？

4. 阅读图 2-38 所示程序代码，写出程序运行的输出结果：_____、_____、
_____、_____、_____。

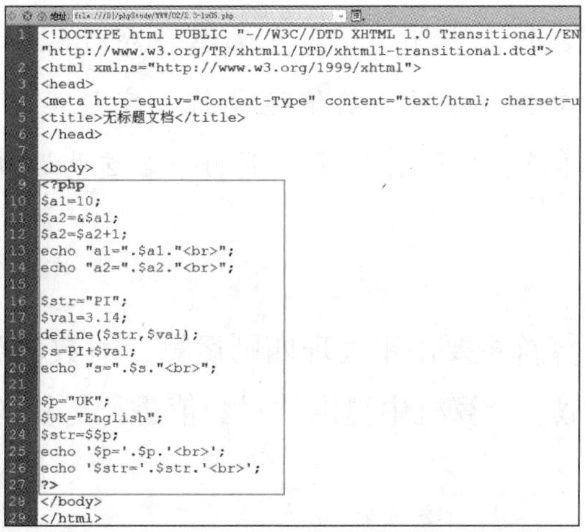

图 2-38

主要代码如下：

```
<? php
 $a1=10;
 $a2=& $a1;
 $a2= $a2+1;
echo"a1=". $a1."<br>";
echo"a2=". $a2."<br>";

 $str="PI";
 $val=3.14;
define( $str, $val);
 $s=PI+ $val;
echo"s=". $s."<br>";
 $p="UK";
 $UK="English";
 $str= $ $p;
echo'$p='. $p. '<br>';
echo'$str='. $str. '<br>';
? >
```

任务四 ▶ PHP 运算符的应用

【任务描述】

操作视频

运算符是编程语言中不可缺少的部分，是用来对变量、常量或数据进行运算、操作的符号，用于对一个值或多个值进行运算。在编写程序过程中，经常需要对数据进行运算，常用的运算符包括算术运算符、赋值运算符、字符串运算符、递增或递减运算符、比较运算符、逻辑运算符、位运算符等。下面介绍这些运算符怎么使用。

【先导知识】

1. 算术运算符。算术运算符主要用于处理四则运算，对数值类型的变量及常量进行运算，与数学中加、减、乘、除类似。计算机中提供的对数值进行运算的算术运算符见表2-3。

表2-3 算术运算符

符号	作用	示例	结果
+	加法运算	＄a=10；＄b=5；＄a+＄b；	15
–	减法运算	＄a=10；＄b=5；＄a-＄b；	5
*	乘法运算	＄a=10；＄b=5；＄a＊＄b；	50
/	除法运算	＄a=10；＄b=5；＄a/＄b；	2
%	求余数运算（取模）	＄a=10；＄b=3；＄a%＄b；	1

2. 赋值运算符。赋值运算符主要用于将常量、变量或者表达式的值赋给一个变量。常见的赋值运算符见表2-4。

表2-4 赋值运算符

符号	作用	示例	开展形式
=	右边的值赋给左边	＄a=5；＄b=2；	＄a=5；＄b=2；
+=	左边的值加上右边的值并赋给左边	＄a=5；＄b=2；＄a+=＄b；	＄a=5；＄b=2；＄a=＄a+＄b；
–=	左边的值减去右边的值并赋给左边	＄a=5；＄b=2；＄a-=＄b；	＄a=5；＄b=2；＄a=＄a-＄b；
*=	左边的值乘以右边的值并赋给左边	＄a=5；＄b=2；＄a＊=＄b；	＄a=5；＄b=2；＄a=＄a＊＄b；
/=	左边的值除以右边的值并赋给左边	＄a=5；＄b=2；＄a/=＄b；	＄a=5；＄b=2；＄a=＄a/＄b；
%=	左边的值对右边的值求余数并赋给左边	＄a=5；＄b=2；＄a%=＄b；	＄a=5；＄b=2；＄a=＄a%＄b；
.=	左边字符串与右边字符串拼接并赋给左边	＄a='ab'；＄b='c'；＄a.=＄b；	＄a='ab'；＄b='c'；＄a=＄a.＄b；

3. 字符串运算符。字符串运算符主要用于连接、拼接字符串。字符串运算符只有一个，即英文的句号(.)，它将两个或者多个字符串拼接起来形成一个新的字符串。

4. 递增或递减运算符。递增或递减运算符主要用于自增或自减运算，可以看作是一种特殊形式的复合赋值运算符，可以对数值类型变量的值进行加1或减1操作。常见的递增或递减运算符见表2-5。

表2-5 递增或递减运算符

符号	示例	开展形式	作用
++	＄a=5；＄b=++＄a；	＄a=5；＄a=＄a+1；＄b=＄a；	++在前，先将变量自加1，再做运算

续表

符号	示例	开展形式	作用
--	\$a=5；\$b=--\$a；	\$a=5；\$a=\$a-1；\$b=\$a；	--在前，先将变量自减1，再做运算
++	\$a=5；\$b=\$a++；	\$a=5；\$b=\$a；\$a=\$a+1；	++在后，先将变量做运算，再自加1
--	\$a=5；\$b=\$a--；	\$a=5；\$b=\$a；\$a=\$a-1；	--在后，先将变量做运算，再自减1

5. 比较运算符。比较运算符主要用于对两个数据或者两个变量进行大小的比较，比较运算的结果值一般是真(true)或假(false)。常见的比较运算符见表2-6。

表2-6　比较运算符

符号	作用	示例	比较后的结果
==	相等	\$a=5；\$b=1；\$a==\$b；	false
!=	不等于	\$a=5；\$b=1；\$a!=\$b；	true
<>	不等于	\$a=5；\$b=1；\$a<>\$b；	true
>	大于	\$a=5；\$b=1；\$a>\$b；	true
>=	大于或等于	\$a=5；\$b=1；\$a>=\$b；	true
<	小于	\$a=5；\$b=1；\$a<\$b；	false
<=	小于或等于	\$a=5；\$b=1；\$a<=\$b；	false

6. 逻辑运算符。逻辑运算符主要用于逻辑运算，对布尔型的数据进行操作。逻辑运算的结果值是真(true)或假(false)。常见的逻辑运算符见表2-7。

表2-7　逻辑运算符

符号	作用	示例	逻辑运算后的结果
&& 或 and	与	\$a && \$b 或 \$a and \$b	\$a 和 \$b 都为真，结果为真；否则为假
|| 或 or	或	\$a||\$b 或 \$a or \$b	\$a 和 \$b 最少一个为真，结果为真；否则为假
!	非	!\$a	若 \$a 为真，结果为假；若 \$a 为假，结果为真
xor	异或	\$a xor \$b	\$a、\$b 一个真一个假，结果为真；否则为假

7. 位运算符。主要用于处理数据的二进制位运算，是针对二进制数的每一位从低位到高位对齐后进行运算的符号，专门针对数字0和1进行操作，请注意个别位运算符与逻辑运算符类似，但它们所做的运算是不同。常见位运算符见表2-8。

表2-8　位运算符

符号	作用	示例	位运算后的结果
&	按位与	\$a & \$b	\$a 和 \$b 每一位进行"与"运算后的结果

符号	作用	示例	位运算后的结果
|	按位或	$a\|$b	$a和$b每一位进行"或"运算后的结果
~	按位取反	~$a	$a每一位进行"非"运算后的结果
^	按位异或	$a^$b	$a和$b每一位进行"异或"运算后的结果
<<	左移位	$a<<$b	$a向左移$b次(每移1次相当于乘以2)的结果
>>	右移位	$a>>$b	$a向右移$b次(每移1次相当于除以2)的结果

8. 运算符优先级。运算符优先级类似于数学中四则运算遵循"先乘除,后加减;如果有括号先括号内后括号外,同一级运算顺序从左到右"。程序执行过程中,对于较为复杂的表达式,表达式中有多个运算符参与运算时,运算符参与运算的先后顺序,称为运算符的优先级。常见运算符优先级见表2-9。

表2-9　运算符优先级(由上往下优先级降低)

顺序	作用	信息	结合方向
1	++、--、~	递增、递减、位运算符	右
2	!	逻辑运算符	右
3	*、/、%	算术运算符	左
4	+、-	算术运算符	左
5	<<、>>	位运算符	左
6	<、<=、>、>=	比较运算符	左
7	==、!=、<>	比较运算符	无
8	&	位运算符	左
9	|、^	位运算符	左
10	||、&&	逻辑运算符	左
11	?=	三元运算符	左
12	=、+=、-=、*=、/=、%=	赋值运算符	右

🖥 小 贴 士

表2-9按照优先级从高到低列出了运算符。同一行中的运算符具有相同优先级,此时它们的结合方向决定运算顺序。

【任务实现】

步骤1:学习与使用算术运算符"+""-""*""/""%"。产生两个随机数$a、$b,然后对

45

两个随机数 $a、$b 进行加、减、乘、除、求余数运算，如图 2-39 所示。

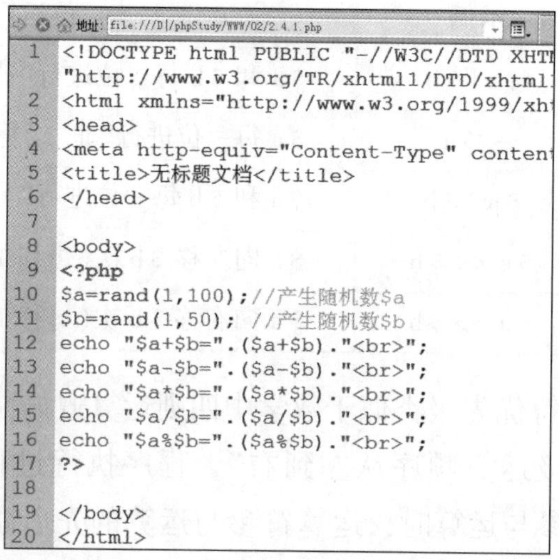

```
1  <!DOCTYPE html PUBLIC "-//W3C//DTD XHTI
   "http://www.w3.org/TR/xhtml1/DTD/xhtml1
2  <html xmlns="http://www.w3.org/1999/xh
3  <head>
4  <meta http-equiv="Content-Type" conten
5  <title>无标题文档</title>
6  </head>
7
8  <body>
9  <?php
10 $a=rand(1,100);//产生随机数$a
11 $b=rand(1,50); //产生随机数$b
12 echo "$a+$b=".($a+$b)."<br>";
13 echo "$a-$b=".($a-$b)."<br>";
14 echo "$a*$b=".($a*$b)."<br>";
15 echo "$a/$b=".($a/$b)."<br>";
16 echo "$a%$b=".($a%$b)."<br>";
17 ?>
18
19 </body>
20 </html>
```

图 2-39

主要代码如下：

```php
<? php
 $a=rand(1,100);                     //产生随机数 $a
 $b=rand(1,50);                      //产生随机数 $b
echo" $a+$b=".($a+$b)."<br>";
echo" $a-$b=".($a-$b)."<br>";
echo" $a*$b=".($a*$b)."<br>";
echo" $a/$b=".($a/$b)."<br>";
echo" $a%$b=".($a%$b)."<br>";
? >
```

小 贴 士

　　算术运算符主要用于处理四则运算，对数值类型的变量及常量进行运算，与数学中加、减、乘、除类似。字符"="是赋值运算符，字符"%"是求余数运算（取模），字符"."是字符串连接运算符。小括号"( )"里面的式子是对两个数求和、差、积、商、余数。

　　步骤2：保存程序，接着查看、分析程序运行情况，再核对算术运算结果是否正确，如图2-40所示。

图 2-40

步骤3：学习与使用赋值运算符"="" +=""-=""*=""/="。产生两个随机数 $a、$b，然后对两个随机数 $a、$b 进行几种形式的赋值运算，如图 2-41 所示。

```
3  <head>
4  <meta http-equiv="Content-Type" content="text/html; charset=utf-8"
5  <title>无标题文档</title>
6  </head>
7
8  <body>
9
10
11 <?php
12 $a=rand(1,100);//产生随机数$a
13 $b=rand(1,50); //产生随机数$b
14
15 echo "a=$a,b=$b"."<br>";
16 echo '$a += $b,后$a='.($a+=$b).'<br>';//小括号内计算$a+$b并赋值给$a
17 echo '$a -= $b,后$a='.($a-=$b).'<br>';//小括号内计算$a-$b并赋值给$a
18 echo '$a *= $b,后$a='.($a*=$b).'<br>';//小括号内计算$a*$b并赋值给$a
19 echo '$a /= $b,后$a='.($a/=$b).'<br>';//小括号内计算$a/$b并赋值给$a
20 ?>
21 </body>
22 </html>
```

图 2-41

主要代码如下：

```
<? php
$a=rand(1,100);                    //产生随机数 $a
$b=rand(1,50);                     //产生随机数 $b


echo"a=$a,b=$b"."<br>";
echo'$a += $b,后$a='.($a+=$b).'<br>';      //小括号内计算 $a+$b 并赋值给 $a
echo'$a -= $b,后$a='.($a-=$b).'<br>';      //小括号内计算 $a-$b 并赋值给 $a
echo'$a *= $b,后$a='.($a*=$b).'<br>';      //小括号内计算 $a*$b 并赋值给 $a
echo'$a /= $b,后$a='.($a/=$b).'<br>';      //小括号内计算 $a/$b 并赋值给 $a
? >
```

小 贴 士

赋值运算符，主要用于将常量、变量或者表达式的值赋给一个变量。注意上面定义字符串的形式，其中双引号定义的字符串若包含变量会进行值替换，单引号定义的字符串会原样输出。

步骤4：保存程序，接着查看、分析程序运行情况，再核对赋值运算结果是否正确，如图 2-42 所示。

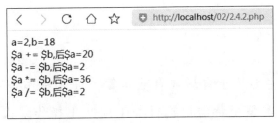

```
a=2,b=18
$a += $b,后$a=20
$a -= $b,后$a=2
$a *= $b,后$a=36
$a /= $b,后$a=2
```

图 2-42

步骤5：学习与使用递增或递减运算符"++""--"，进行自增、自减运算。产生两个随机数 $a、$b，然后对两个随机数 $a、$b 进行几种形式的自增、自减运算，如图 2-43 所示。

```
1  <!DOCTYPE html PUBLIC "-//W3C//DTD XHTML 1.0 Transitional//EN"
   "http://www.w3.org/TR/xhtml1/DTD/xhtml1-transitional.dtd">
2  <html xmlns="http://www.w3.org/1999/xhtml">
3  <head>
4  <meta http-equiv="Content-Type" content="text/html; charset=utf-8"
5  <title>无标题文档</title>
6  </head>
7
8  <body>
9  <?php
10 $a=10;
11 $b=5;
12 echo "a=$a,b=$b<br>";
13 $c=$a++; //相当于$c=$a;$a=$a+1;
14 $d=++$b; //相当于$b=$b+1;$d=$b;
15 echo '$c=$a++='.$c.'<br>';
16 echo '$a='.$a.'<br>';
17 echo '$d=++$b='.$d.'<br>';
18 echo '$b='.$b.'<br>';
19
20 echo '<hr><br>';
21 $e=$a--; //相当于$e=$a;$a=$a-1;
22 $f=--$b; //相当于$f=$b-1;$d=$b;
23 echo '$e=$a--='.$e.'<br>';
24 echo '$a='.$a.'<br>';
25 echo '$f=--$b='.$f.'<br>';
26 echo '$b='.$b.'<br>';
27 ?>
28 </body>
29 </html>
```

图 2-43

主要代码如下：

```php
<? php
$a=10;
$b=5;
echo"a= $a,b= $b<br>";
$c= $a++;                          //相当于 $c= $a; $a= $a+1;
$d=++ $b;                          //相当于 $b= $b+1; $d= $b;
echo'$c= $a++='. $c. '<br>';
echo'$a='. $a. '<br>';
echo'$d=++ $b='. $d. '<br>';
echo'$b='. $b. '<br>';


echo'<hr><br>';
$e= $a--;                          //相当于 $e= $a; $a= $a-1;
$f=-- $b;                          //相当于 $b= $b-1; $f= $b;
echo'$e= $a--='. $e. '<br>';
echo'$a='. $a. '<br>';
echo'$f=-- $b='. $f. '<br>';
echo'$b='. $b. '<br>';
? >
```

小 贴 士

递增或递减运算符主要用于自增或自减运算，可以看作是一种特殊形式的复合赋值运算符，可以对数值类型变量的值进行加 1 或减 1 操作。式子" $c= $a++;"表示"先将 $a 的值赋给 $c，然后 $a 的值加 1"；而式子" $d=++ $b;"表示"先把 $b 的值先加 1，然后把 $b 的值赋给 $d"。

步骤6：保存程序，接着查看、分析程序运行情况，再核对自增、自减运算输出信息是否正确，如图2-44所示。

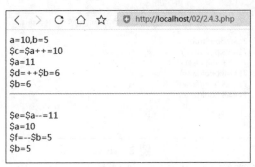

```
a=10,b=5
$c=$a++=10
$a=11
$d=++$b=6
$b=6


$e=$a--=11
$a=10
$f=--$b=5
$b=5
```

图 2-44

步骤7：学习与使用比较运算符">"">=""<""<=""=="、"<>"等对数据进行比较运算，比较运算的结果要么是 true，要么是 false。产生两个随机数 $a、$b，然后对两个随机数 $a、$b 进行几种形式的比较运算，并输出比较运算的结果，如图2-45所示。

```
1  <!DOCTYPE html PUBLIC "-//W3C//DTD XHTML 1.0 Transitional//EN"
   "http://www.w3.org/TR/xhtml1/DTD/xhtml1-transitional.dtd">
2  <html xmlns="http://www.w3.org/1999/xhtml">
3  <head>
4  <meta http-equiv="Content-Type" content="text/html; charset=utf-8"
5  <title>无标题文档</title>
6  </head>
7
8  <body>
9  <?php
10 $a=rand(1,100);//产生随机数$a
11 $b=rand(1,50); //产生随机数$b
12 echo "$a>$b:"; echo var_dump($a>$b)."<br>";//输出比较结果
13 echo "$a>=$b:";echo var_dump($a>=$b)."<br>";
14 echo "$a<$b:"; echo var_dump($a<$b)."<br>";
15 echo "$a<=$b:";echo var_dump($a<=$b)."<br>";
16 echo "$a==$b:";echo var_dump($a==$b)."<br>";
17 echo "$a<>$b:";echo var_dump($a<>$b)."<br>";
18 ?>
19 </body>
20 </html>
```

图 2-45

主要代码如下：

```php
<? php
$a=rand(1,100);                              //产生随机数 $a
$b=rand(1,50);                               //产生随机数 $b
echo" $a>$b:";echo var_dump( $a>$b)."<br>";  //输出比较结果
echo" $a>= $b:";echo var_dump( $a>= $b)."<br>";
echo" $a< $b:";echo var_dump( $a< $b)."<br>";
echo" $a<= $b:";echo var_dump( $a<= $b)."<br>";
echo" $a== $b:";echo var_dump( $a== $b)."<br>";
echo" $a<> $b:";echo var_dump( $a<> $b)."<br>";
? >
```

小 贴 士

比较运算符主要用于对两个数据或者两个变量进行大小的比较，比较运算的结果值是真（true）或假（false）。var_dump( )输出比较之后的详细信息。

步骤8：保存程序，接着查看、分析程序运行情况，再核对比较运算符运算输出信息是否正确，如图2-46所示。

```
< > C ⌂ ☆          ⊕ http://localhost/02/2.4.4.php
71>8:bool(true)
71>=8:bool(true)
71<8:bool(false)
71<=8:bool(false)
71==8:bool(false)
71<>8:bool(true)
```

图 2-46

步骤9：学习使用逻辑运算符"&&""｜｜""!"进行逻辑与、或、非运算。逻辑运算的结果要么是true，要么是false。产生两个随机数$a、$b，然后对两个随机数$a、$b构造表达式，再对表达式进行逻辑运算，并输出逻辑运算的结果，如图2-47所示。

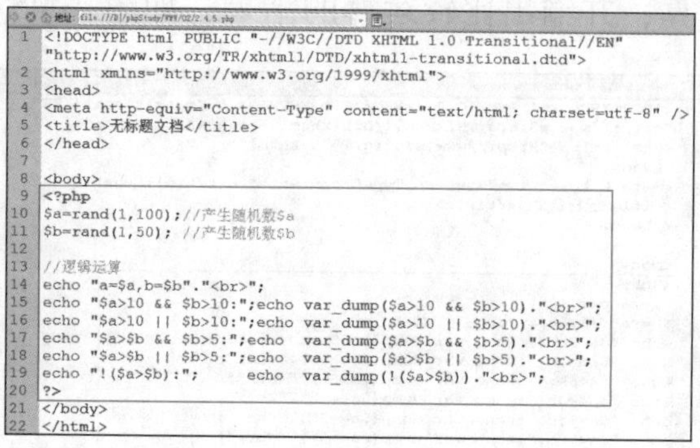

```
1  <!DOCTYPE html PUBLIC "-//W3C//DTD XHTML 1.0 Transitional//EN"
2  "http://www.w3.org/TR/xhtml1/DTD/xhtml1-transitional.dtd">
   <html xmlns="http://www.w3.org/1999/xhtml">
3  <head>
4  <meta http-equiv="Content-Type" content="text/html; charset=utf-8" />
5  <title>无标题文档</title>
6  </head>
7
8  <body>
9  <?php
10 $a=rand(1,100);//产生随机数$a
11 $b=rand(1,50); //产生随机数$b
12
13 //逻辑运算
14 echo "a=$a,b=$b"."<br>";
15 echo "$a>10 && $b>10:";echo var_dump($a>10 && $b>10)."<br>";
16 echo "$a>10 || $b>10:";echo var_dump($a>10 || $b>10)."<br>";
17 echo "$a>$b && $b>5:";echo  var_dump($a>$b && $b>5)."<br>";
18 echo "$a>$b || $b>5:";echo  var_dump($a>$b || $b>5)."<br>";
19 echo "!($a>$b):";     echo  var_dump(!($a>$b))."<br>";
20 ?>
21 </body>
22 </html>
```

图 2-47

主要代码如下：

```php
<? php
$a=rand(1,100);                 //产生随机数$a
$b=rand(1,50);                  //产生随机数$b


//逻辑运算
echo"a=$a,b=$b"."<br>";
echo"$a>10 && $b>10:";echo var_dump($a>10 && $b>10)."<br>";
echo"$a>10 || $b>10:";echo var_dump($a>10 || $b>10)."<br>";
echo"$a>$b && $b>5:";echo  var_dump($a>$b && $b>5)."<br>";
echo"$a>$b || $b>5:";echo  var_dump($a>$b || $b>5)."<br>";
echo"!($a>$b):";    echo  var_dump(!($a>$b))."<br>";
? >
```

🧑‍💻 小 贴 士

逻辑运算符主要用于逻辑运算，对布尔型的数据进行操作。逻辑运算的结果值是真(true)或假(false)。

步骤10：保存程序，接着查看、分析程序运行情况，再核对逻辑运算符运算输出信息是否正确，如图2-48所示。

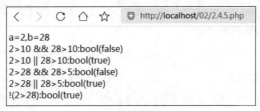

图 2-48

【拓展训练】

1. 利用算术运算符计算、输出两个数的平方和、立方和，如图2-49所示。

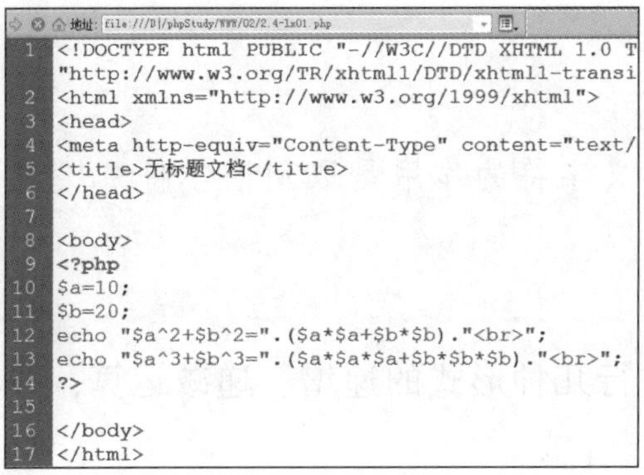

图 2-49

主要代码如下：

```php
<? php
$a=10;
$b=20;
echo"$a^2+$b^2=".($a*$a+$b*$b)."<br>";
echo"$a^3+$b^3=".($a*$a*$a+$b*$b*$b)."<br>";
? >
```

2. 随机产生两个数，然后对这两个数进行几种形式的赋值运算，并将结果输出，如图2-50所示。

图 2-50

主要代码如下：

```php
<? php
$c=rand(10,20);                          //产生随机数$c
$d=rand(10,20);//产生随机数$d

echo"c=$c,d=$d"."<br>";
echo"\$c += \$d,后\$c=".($c+=$d)."<br>";    //小括号内计算$c+$d并赋值给$c
echo"\$c -= \$d,后\$c=".($c-=$d)."<br>";    //小括号内计算$c-$d并赋值给$c
echo"\$c *= \$d,后\$c=".($c*=$d)."<br>";    //小括号内计算$c*$d并赋值给$c
echo"\$c /= \$d,后\$c=".($c/=$d)."<br>";    //小括号内计算$c/$d并赋值给$c
? >
```

小 贴 士

$c前面的符号"\"是转义字符。转义字符的作用是取消该字符"$"所代表的特殊涵义。

3. 随机产生两个数，然后对这两个数进行几种形式的递增、递减运算，并将结果输出，如图 2-51 所示。

图 2-51

主要代码如下：

```php
<? php
$a=rand(1,100);                          //产生随机数$a
$b=rand(1,100);                          //产生随机数$b
echo"a=$a"."<br>";
echo --$a."<br>";
echo ++$a."<br>";

echo $b--."<br>";
echo $b++."<br>";
? >
```

4. 随机产生两个数，然后对这两个数进行几种形式的递增、递减运算，并将结果输出，如图 2-52 所示。

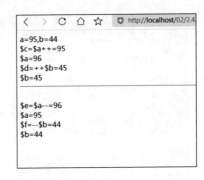

图 2-52

主要代码如下：

```php
<? php
$a=rand(1,100);                    //产生随机数 $a
$b=rand(1,50);                     //产生随机数 $b
echo"a= $a,b= $b". "<br>";


//递增
$c= $a++;                          //先返回 $a 的值,然后把 $a 的值加1
$d=++ $b;                          //先把 $b 的值加1,然后返回 $b 的值
echo'$c= $a++='. $c. '<br>';
echo'$a='. $a. '<br>';
echo'$d=++ $b='. $d. '<br>';
echo'$b='. $b. '<br>';


echo'<hr><br>';
//递减
$e= $a--;                          //先返回 $a 的值,然后把 $a 的值减1
$f=-- $b;                          //先把 $b 的值减1,然后返回 $b 的值
echo'$e= $a--='. $e. '<br>';
echo'$a='. $a. '<br>';
echo'$f=-- $b='. $f. '<br>';
echo'$b='. $b. '<br>';
? >
```

5. 随机产生两个数，然后对这两个数进行几种形式的比较运算、逻辑运算，并将结果输出，如图 2-53 所示。

图 2-53

```php
<? php
$a=rand(1,100);                                    //产生随机数 $a
$b=rand(1,50);                                      //产生随机数 $b

//比较运算
echo" $a>$b:";echo var_dump( $a>$b)."<br>";        //输出比较结果
echo" $a! = $b:";echo var_dump( $a! = $b)."<br>";
echo" $a<10:";echo var_dump( $a<10)."<br>";
echo" $b>=20:";echo var_dump( $a>=20)."<br>";

//逻辑运算
echo"<hr><br>";
echo" $a<30 && $a>20:";echo var_dump( $a<30 && $a>20)."<br>";
echo" $a<30 || $a>20:";echo var_dump( $a<30 || $a>20)."<br>";
echo" $a>5  && $b>10:";echo var_dump( $a>5  && $b>10)."<br>";
echo" $a>5  || $b>10:";echo var_dump( $a>5  || $b>10)."<br>";
? >
```

6. 随机产生两个数，然后对这两个数进行几种形式的逻辑运算，并将结果输出，如图 2-54 所示。

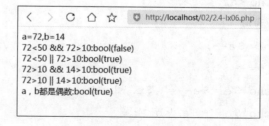

图 2-54

```
<? php
$a=rand(1,100);                          //产生随机数$a
$b=rand(1,50);                           //产生随机数$b

//逻辑运算
echo"a=$a,b=$b"."<br>";
echo"$a<50 && $a>10:";echo var_dump($a<50 && $a>10)."<br>";
echo"$a<50 || $a>10:";echo var_dump($a<50 || $a>10)."<br>";
echo"$a>10 && $b>10:";echo var_dump($a>10 && $b>10)."<br>";
echo"$a>10 || $b>10:";echo var_dump($a>10 || $b>10)."<br>";
echo"a,b都是偶数:";echo var_dump($a%2==0 && $b%2==0)."<br>";
? >
```

【课外作业】

1. 请你说说 PHP 常见的运算符有哪几类。

2. 请你具体说说算术运算符、比较运算符、逻辑运算符具体有哪些符号。

3. 阅读图 2-55 所示程序代码，写出程序运行的输出结果：＿＿＿＿、＿＿＿＿、＿＿＿＿、＿＿＿＿、＿＿＿＿、＿＿＿＿、＿＿＿＿。

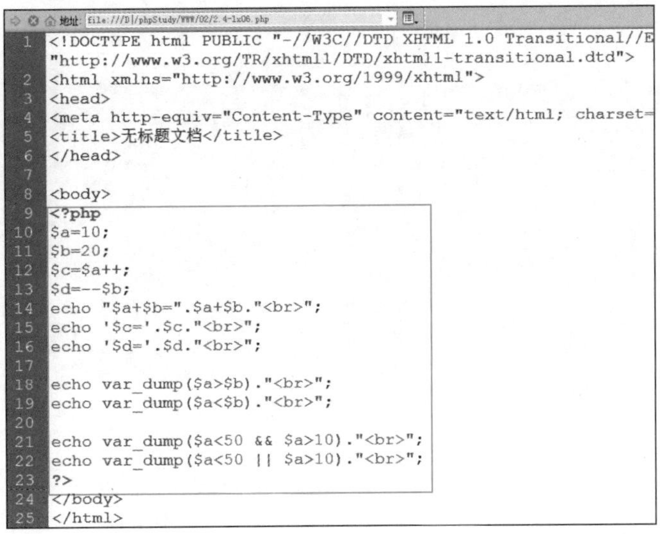

```
1  <!DOCTYPE html PUBLIC "-//W3C//DTD XHTML 1.0 Transitional//E
   "http://www.w3.org/TR/xhtml1/DTD/xhtml1-transitional.dtd">
2  <html xmlns="http://www.w3.org/1999/xhtml">
3  <head>
4  <meta http-equiv="Content-Type" content="text/html; charset=
5  <title>无标题文档</title>
6  </head>
7
8  <body>
9  <?php
10 $a=10;
11 $b=20;
12 $c=$a++;
13 $d=--$b;
14 echo "$a+$b=".$a+$b."<br>";
15 echo '$c='.$c."<br>";
16 echo '$d='.$d."<br>";
17
18 echo var_dump($a>$b)."<br>";
19 echo var_dump($a<$b)."<br>";
20
21 echo var_dump($a<50 && $a>10)."<br>";
22 echo var_dump($a<50 || $a>10)."<br>";
23 ?>
24 </body>
25 </html>
```

图 2-55

主要代码如下：

```
<? php
$a=10;
$b=20;
$c=$a++;
$d=--$b;
echo"$a+$b=".$a+$b."<br>";
echo'$c='.$c."<br>";
```

```
echo'$d='. $d. "<br>";

echo var_dump($a>$b). "<br>";
echo var_dump($a<$b). "<br>";

echo var_dump($a<50 && $a>10). "<br>";
echo var_dump($a<50 || $a>10). "<br>";
? >
```

【单元小结】

通过本单元学习，学生明确了数据类型，掌握了如何定义与使用常量、如何定义与使用变量，认识了 PHP 的运算符。

UNIT 3

单元 ③

利用流程控制语句处理程序基础

学习目标

- 掌握 if 条件判断语句的使用
- 掌握 switch 多分支语句的使用
- 掌握 do…while 循环语句的使用
- 掌握 while 循环语句的使用
- 掌握 for 循环语句的使用
- 掌握 continue 跳转语句的使用
- 掌握 exit 终止语句的使用
- 根据逻辑运算结果进行判断
- 根据逻辑运算结果进行循环

前面单元学习的程序代码基本上是按照从上往下的顺序逐条执行的，但在实际开发过程中，经常需要根据条件执行某些指定的代码，或者循环执行一些代码，这样就需要用到流程控制语句，借助流程控制语句改变程序代码的执行次序，以实现控制程序的执行流程。常见流程控制语句分为三大类：条件判断语句、循环控制语句及程序跳转与终止语句。这3类流程控制语句构成了面向过程编程的核心。

任务一　掌握 if 条件判断语句

【任务描述】

在生活、工作中，经常需要根据条件是否满足决定做不做某件事情。那么在计算机、各种智能设备中，机器怎么理解程序设计者的逻辑？PHP 程序一般是根据判断条件来决定程序怎么运行代码的。条件判断语句主要有两类，分别是 if 条件判断语句、switch 多分支语句，本任务介绍 if 条件判断语句。

操作视频

【先导知识】

1. 认识条件判断语句。它需要对一个或几个条件做出判断，根据判断的结果确定只执行某一部分代码，而与其并列的其他部分的代码则不会被执行。

2. if 条件判断语句。它可分为 if、if…else、if…elseif…else 等几种形式。

（1）if 语句，也称为 if 单分支语句，是指如果满足条件时就执行某段代码（操作）；否则跳过这段代码（操作），往下执行。

if 语句的语法格式如下：

```
if(判断条件)
{
    语句块
}
```

上述语法格式中，判断条件是一个布尔值（true/false）。当判断条件为 true 时，执行 if 后面{ }中的语句；否则跳过不执行。if 语句的执行流程如图 3-1 所示。

（2）if...else 语句，也称双分支语句，是指如果满足条件，就执行某段代码（操作）；否则执行另外一段代码（操作）。比如判断一个数是奇数还是偶数，如果能被 2 整除就输出"是偶数"，否则输出"是奇数"。

if...else 语句的语法格式如下：

```
if(判断条件)
{
    语句块1
}
else
{
    语句块2
}
```

上述语法格式中，判断条件是一个布尔值（true/false），当判断条件为 true 时，执行 if 后面{语句块1}中的语句，否则执行 else 后面{语句块2}中的语句。if...else 语句的执行流程如图 3-2 所示。

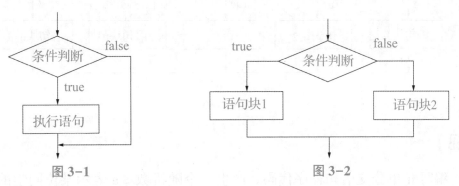

图 3-1   图 3-2

（3）if...elseif...else 语句，也称多分支语句，用于对多个条件进行判断，从而进行不同情况的处理。比如根据一个学生的成绩进行等级划分，如果分数大于或等于 80 分为优秀，否则如果分数大于或等于 70 分为良好，否则如果分数大于或等于 60 分为及格，否则等级为不及格。

if...elseif...else 语句的语法格式如下：

```
if(判断条件1)
{
    语句块1
}
elseif(判断条件2)
{
    语句块2
}
......
```

```
elseif(判断条件 n)
{
    语句块 n
}
else
{
    语句块 n+1
}
```

上述语法格式中，判断条件是一个布尔值(true/false)，当判断条件 1 为 true 时，执行 if 后面的{语句块 1}，否则判断条件 2，如果条件 2 为 true，则执行条件 2 后面的{语句块 2}，以此类推，如果所有的判断条件都为 false，说明所有条件均不满足，则执行 else 后面的{语句块 n+1}。if...elseif...else 语句的执行流程如图 3-3 所示。

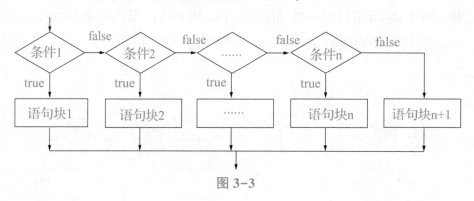

图 3-3

【任务实现】

步骤 1：编写 if 单分支语句程序代码。产生一个随机数 $a 表示某位同学的考试成绩，并输出显示。接着根据成绩的大小做条件判断，如果他的成绩大于或等于 60 分，程序输出一段祝贺的信息"恭喜你，通过考试"，否则不输出祝贺信息，代码如图 3-4 所示。

```
<!DOCTYPE html PUBLIC "-//W3C//DTD XHTML 1.0 Transitional//EN"
"http://www.w3.org/TR/xhtml1/DTD/xhtml1-transitional.dtd">
<html xmlns="http://www.w3.org/1999/xhtml">
<head>
<meta http-equiv="Content-Type" content="text/html; charset=utf-8" />
<title>无标题文档</title>
</head>

<body>
<?php
$a=rand(10,100);//产生随机数$a表示成绩
echo "你的成绩是: ".$a."<br>";
if($a>=60)
{
    echo "恭喜你，通过考试<br>";
}
echo "结束";
?>
</body>
</html>
```

图 3-4

主要代码如下：

```
<? php
$a=rand(10,100);                        //产生随机数 $a 表示成绩
echo"你的成绩是:". $a."<br>";
```

```
if($a>=60)
{
    echo"恭喜你,通过考试<br>";
}
echo"结束";
?>
```

小 贴 士

上面采用的是 if 单分支条件语句。判断条件是一个布尔值(true/false),当判断条件为 true 时,执行 if 后面{}中的语句,否则跳过不执行 if 后面{}中的语句。此处根据随机数大小不同,程序运行输出结果也会有所不同。

步骤2:保存程序,查看 if 单分支条件判断语句运行结果。如果产生的随机数大于或等于60 则会输出祝贺信息"恭喜你,通过考试",否则不输出,如图3-5所示。

图 3-5

步骤3:编写 if 双分支语句程序代码。产生一个随机数 $a 表示某位同学的考试成绩,并输出显示。接着根据成绩的大小做条件判断,如果他的成绩大于或等于60分,程序输出一段祝贺的信息显示"你好棒,考试及格了",否则输出显示"不及格,继续加油",如图3-6所示。

```
1  <!DOCTYPE html PUBLIC "-//W3C//DTD XHTML 1.0 Transitional//EN"
   "http://www.w3.org/TR/xhtml1/DTD/xhtml1-transitional.dtd">
2  <html xmlns="http://www.w3.org/1999/xhtml">
3  <head>
4  <meta http-equiv="Content-Type" content="text/html; charset=utf-8" />
5  <title>无标题文档</title>
6  </head>
7
8  <body>
9  <?php
10 $a=rand(10,100);//产生随机数$a表示成绩
11 echo "你的成绩是: ".$a."<br>";
12 if($a>=60)
13 {
14     echo "你好棒,考试及格了";
15 }
16 else
17 {
18     echo "不及格,继续加油";
19 }
20 ?>
21 </body>
22 </html>
```

图 3-6

主要代码如下:

```
<?php
$a=rand(10,100);              //产生随机数 $a 表示成绩
echo"你的成绩是:". $a."<br>";
```

```
if($a>=60)
{
    echo"你好棒,考试及格了";
}
else
{
    echo"不及格,继续加油";
}
?>
```

步骤4：保存程序，查看 if 双分支条件判断语句运行结果，如果产生的随机数大于或等于60则会输出祝贺信息"恭喜你，通过考试"，否则输出显示"不及格，继续加油"，如图3-7所示。

你的成绩是：41
不及格，继续加油

图 3-7

小 贴 士

上面采用的是 if 双分支条件语句。判断条件是一个布尔值(true/false)，当判断条件为 true 时，执行 if 后面{ }中的语句，否则执行 else 后面{ }中的语句。此处根据随机数大小不同，程序会运行 if 语句两个分支之中的一个分支。

步骤5：编写 if 多分支语句程序代码。产生一个随机数 $a 表示某位同学的考试成绩，并输出显示。接着以考试成绩为条件来判定成绩等级，如果分数大于或等于80分为优秀，否则如果分数大于或等于70分为良好，否则如果分数大于或等于60为及格，否则为不及格，代码如图3-8所示。

```
1  <!DOCTYPE html PUBLIC "-//W3C//DTD XHTML 1.0 Transitional//EN"
   "http://www.w3.org/TR/xhtml1/DTD/xhtml1-transitional.dtd">
2  <html xmlns="http://www.w3.org/1999/xhtml">
3  <head>
4  <meta http-equiv="Content-Type" content="text/html; charset=utf-8" />
5  <title>无标题文档</title>
6  </head>
7
8  <body>
9  <?php
10 $a=rand(10,100);//产生随机数$a表示成绩
11 echo "你的成绩是: ".$a."<br>";
12 if($a>=80)
13 {
14     echo "成绩等级: 优秀";
15 }
16 elseif($a>=70)
17 {
18     echo "成绩等级: 良好";
19 }
20 elseif($a>=60)
21 {
22     echo "成绩等级: 及格";
23 }
24 else
25 {
26     echo "成绩等级: 不及格";
27 }
28 ?>
29 </body>
30 </html>
```

图 3-8

主要代码如下：

```php
<? php
$a=rand(10,100);                    //产生随机$a表示成绩
echo"你的成绩是:". $a."<br>";
if($a>=80)
{
    echo"成绩等级:优秀";
}
elseif($a>=70)
{
    echo"成绩等级:良好";
}
elseif($a>=60)
{
    echo"成绩等级:及格";
}
else
{
    echo"成绩等级:不及格";
}
? >
```

步骤6：保存程序，查看 if 多分支语句程序代码运行结果，此处根据随机数大小不同，程序运行输出结果显示成绩的等级也有所不同，如图 3-9 所示。

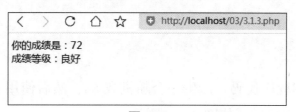

图 3-9

📖 小 贴 士

上面采用的是 if 多分支条件语句。if 多分支从上往下判断条件 1、条件 2、……、条件 n，直到某个条件为真时为止。当判断条件 1 为 true 时，执行 if 后面的{语句块1}；否则判断条件 2，如果条件 2 为 true，则执行条件 2 后面的{语句块2}；以此类推，如果所有的判断条件都为 false，说明所有条件均不满足，则执行 else 后面{语句块 n+1}。

【拓展训练】

1. 编写 if 单分支语句程序代码。产生一个随机数 $b 表示某人小车理论考试的成绩,并输出显示;接着以考试成绩为条件来判断,如果他的成绩大于或等于 90 分,程序输出一段祝贺的信息"恭喜你,通过理论考试",否则不输出祝贺信息,如图 3-10 所示。

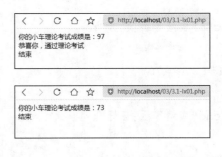

图 3-10

主要代码如下:

```php
<? php
$b=rand(60,100);                 //产生随机数$b表示成绩
echo"你的小车理论考试成绩是:". $b."<br>";
if($b>=90)
{
    echo"恭喜你,通过理论考试<br>";
}
echo"结束";
? >
```

2. 编写 if 双分支语句程序代码。产生一个随机数 $i,然后使用 if 双分支语句判断此随机数是偶数还是奇数,并输出显示,如图 3-11 所示。

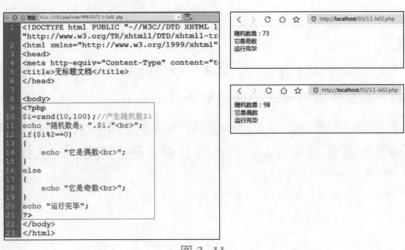

图 3-11

主要代码如下:

```php
<? php
 $ i=rand(10,100);                     //产生随机数 $i
echo"随机数是:". $ i."<br>";
if( $ i% 2 = =0)
{
    echo"它是偶数<br>";
}
else
{
    echo"它是奇数<br>";
}
echo"运行完毕";
? >
```

3. 编写 if 双分支语句程序代码。产生一个-100 至 100 之间的随机数 $p, 然后使用 if 双分支语句求得此随机数的绝对值并输出显示, 如图 3-12 所示。

图 3-12

主要代码如下:

```php
<? php
 $ p=rand(-100,100);                   //产生随机数 $p
echo"随机数是:". $ p. "<br>";
if( $ p>=0)
{
    echo"它的绝对值是". $ p. "<br>";
}
else
{
    echo"它的绝对值是". - $ p. "<br>";
}
echo"end";
? >
```

4. 编写 if 多分支语句程序代码。随机产生一个 1 至 4 之间的随机数 $j 表示季节，然后使用 if 多分支语句输出对应的季节名称，如图 3-13 所示。

图 3-13

主要代码如下：

```php
<? php
$j=rand(1,4);                //产生随机数 $j
echo"随机数是:". $j."<br>";
if($j==1)
{
    echo"它是春季<br>";
}
elseif($j==2)
{
    echo"它是夏季<br>";
}
elseif($j==3)
{
    echo"它是秋季<br>";
}
else
{
    echo"它是冬季<br>";
}
echo"end";
? >
```

5. 编写 if 多分支语句程序代码。产生一个随机数 $k 表示某学生考试成绩，然后划分成绩等级，如果大于或等于 85 分为"A 级"，否则如果大于或等于 75 分为"B 级"，否则如果大于或等于 60 分为"C 级"，否则如果小于 60 分为"D 级"。请把下面的代码补充完整，如图 3-14 所示。

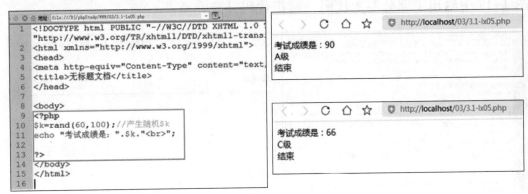

图 3-14

6. 应用条件 if 判断语句做机器人超声波测距检测。产生一个随机数 $a 表示检测到距前面障碍物的距离，当距障碍物的距离小于 10 米时输出提示信息"前面有障碍物请注意"。请把下面的代码补充完整，如图 3-15 所示。

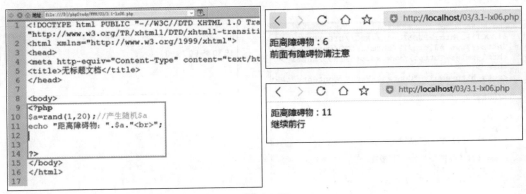

图 3-15

7. 编写条件 if 判断语句。产生两个随机数 $a、$b，请比较两个数的大小并输出比较结果。请把下面的代码补充完整，如图 3-16 所示。

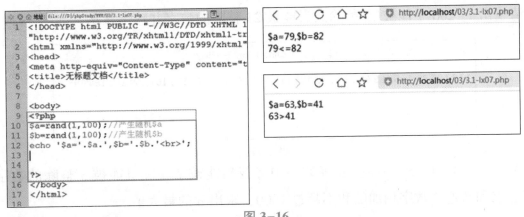

图 3-16

8. 应用条件 if 判断语句，根据天气情况决定今天是"去旅游""去运动"，还是"在家学习"。

（1）用数组 $tianqi=array("晴天","雨天","多云","台风")来表示天气。

（2）产生一个随机数表示今天的天气。

（3）根据天气情况决定今天该做什么，若"晴天"则"去旅游"，若"多云"则"去运动"，否则"在家学习"，如图 3-17 所示。

（4）图 4-17 中给出了部分参考代码，请把代码补充完整。

图 3-17

9. 请找出 1~100 中能被 3 整除且能被 5 整除的数字并输出显示。把参考代码中"?"修改为题目需要的逻辑表达式以进行判断，调试程序，让程序能够正常运行并输出需要寻找的数字，如图 3-18 所示。

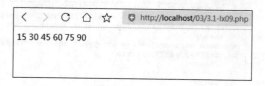

图 3-18

10. 请找出 1~200 中能被 13 整除或者能被 23 整除的数字并输出显示，如图 3-19 所示。

图 3-19

11. 从 1、2、3、4、5、……、n 等数字中寻找出能被 7 整除且能被 3 整除的数字，把这些数字相加求和，这些数字相加的和不超过 1000，求出 n 的最大值。

【课外作业】

1. if 条件判断语句有哪几种形式？

2. 请写出 if 双分支语句的语法格式。

任务二 掌握 switch 多分支语句

【任务描述】

操作视频

前面学习了 if 条件判断语句，现在学习条件判断语句另外一种形式 switch，也叫作 switch 多分支语句。本任务重点介绍 switch 多分支语句。

【先导知识】

1. switch…case 语句。switch 多分支语句是一种很常用的选择语句。与 if 语句不同的是，它只针对一个表达式的值来判断，从而决定程序执行哪一段代码。

switch…case 语句的语法格式如下：

```
switch(表达式)
{
    case 值1:
        语句块 1
        break;
    case 值2:
        语句块 2
        break;
    ……
    case 值 n:
        语句块 n
        break;
    default:
        语句块 n+1
}
```

上述语法格式中，首先计算 switch 表达式的值，把表达式的值与每个 case 后面的值进行比较，判断是否相等。如果值相等，则执行相应 case 后面的语句块；如果表达式的值与所有 case 后面的值都不相等，则执行 default 后面的语句块。switch…case 语句的执行流程如图 3-20 所示。

2. switch 多分支语句根据关键词 switch 后面表达式的值来决定执行那一条分支。

3. switch 语句与 if 语句都属于判断语句，它们有些时候可以相互转换，switch 语句都可以改写为 if 语句，但 if 语句不一定都能够改写为 switch 语句。在 if 语句中，if 后面以及 elseif 后

面的表达式都需要计算；在 switch 语句中，条件表达式在 switch 关键词后面，只有一个，也只需计算一次。

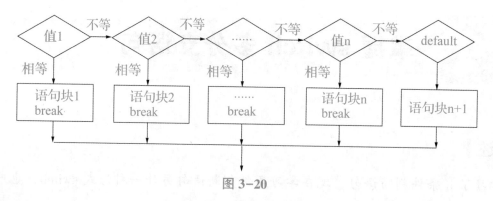

图 3-20

【任务实现】

步骤 1：编写 switch 多分支语句程序代码。产生一个 1 至 4 之间的随机数 $j 表示季节，然后使用 switch 多分支语句输出对应的季节名称，如图 3-21 所示。

图 3-21

主要代码如下：

```php
<? php
$a=rand(1,4);//产生随机数$a
echo"随机数是:". $a. "<br>";
switch($a)
{
    case 1:
        echo"它是春季<br>";
        break;
    case 2:
        echo"它是夏季<br>";
        break;
    case 3:
        echo"它是秋季<br>";
```

```
        break;
    case 4:
        echo"它是冬季<br>";
        break;
    }
echo"end";
? >
```

switch 多分支语句首先计算 switch 表达式的值，把表达式的值与每个 case 后面的值进行比较，如果值相等，则执行相应 case 后面的语句块；如果表达式的值与所有 case 后面的值都不相等，则执行 default 后面的语句块。

步骤2：保存程序，查看 switch 多分支语句程序代码运行结果。产生的随机数不同，则输出的季节名称也不同，如图 3-22 所示。

步骤3：应用 switch 多分支语句，根据天气情况决定今天是"去旅游""去看电影"，还是"在家做作业"。定义一个数组 $tianqi = array("晴天","雷雨","阴天","下雪")来表示天气。随机产生今天的天气情况，然后根据天气情况输出今天该做什么，若"晴天"则"去旅游"，若"阴天"则"去看电影"，否则"在家做作业"，代码如图 3-23 所示。

图 3-22

图 3-23

主要代码如下：

```
<? php
$tianqi = array("晴天","雷雨","阴天","下雪");        //表示天气的数组
$a = rand(0,3);                                        //产生随机数 $a
$weather = $tianqi[$a];                                //保存天气
echo"随机数是:". $weather. "<br>";
switch( $weather)
```

```php
{
    case"晴天":
        echo"去旅游<br>";
        break;
    case"阴天":
        echo"去看电影<br>";
        break;
    default:
        echo"在家做作业<br>";
        break;
}
?>
```

步骤4：保存程序，查看程序运行结果。程序会根据随机产生的天气情况不同而执行不同的分支语句，输出不同的活动主题，如图3-24所示。

图3-24

【拓展训练】

1. 产生一个1至6之间的随机数 i 表示抽到几等奖，数字1、2、3分别对应一、二、三等奖，1、2、3之外的数字则没有奖励。使用switch分支语句显示输出抽奖情况，如图3-25所示。

图3-25

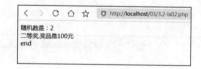

主要代码如下：

```php
<? php
$i=rand(1,6);                    //产生随机数 $i
```

```php
echo"随机数是:". $i."<br>";
switch( $i)
{
    case 1:
        echo"一等奖,奖品是500元";
        break;
    case 2:
        echo"二等奖,奖品是100元";
        break;
    case 3:
        echo"三等奖,奖品是50元";
        break;
    default:
        echo"没有中奖";
}
echo"<br>end";
? >
```

小 贴 士

如果把上面代码中的"$i=rand(1,6)$"修改为"$i=rand(1,100)$"则更加难中奖,抽奖得奖概率更加小了。

2. 编写switch多分支语句程序代码。随机产生一个1至7之间的随机数$a表示星期信息,然后使用switch多分支语句输出对应的星期名称。若是星期六、星期日,则输出"周末"。把参考代码补充完整,调试程序,让程序能够正常运行并输出星期信息,如图3-26所示。

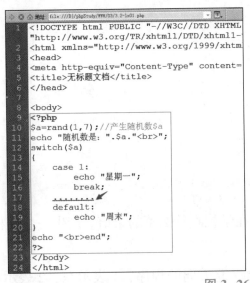

图 3-26

3. 使用 switch 语句，根据成绩的等级输出等级对应的分数范围，如图 3-27 所示。

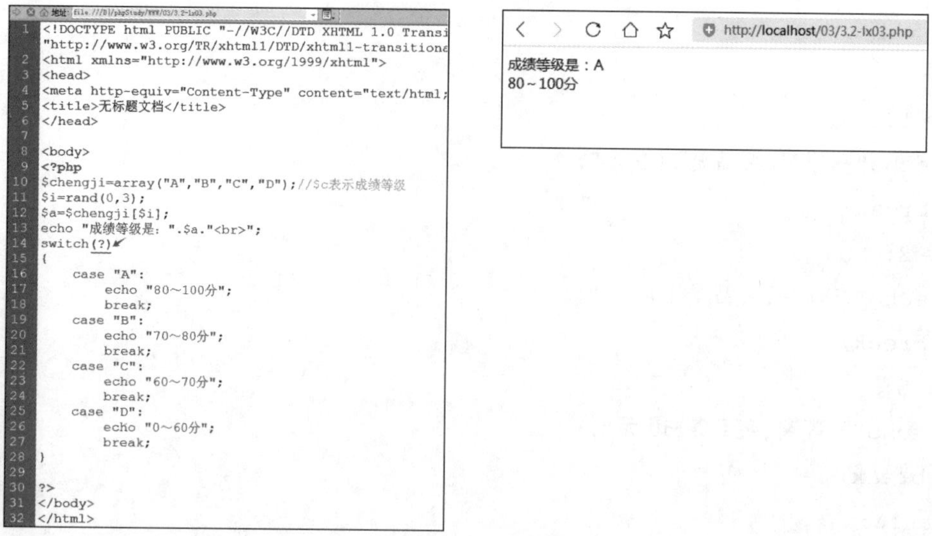

图 3-27

主要代码如下：

```php
<? php
$chengji=array("A","B","C","D");              // $chengji 表示成绩等级
$i=rand(0,3);
$a=$chengji[$i];
echo"成绩等级是:". $a."<br>";
switch(?)
{
    case"A":
        echo"80~100 分";
        break;
    case"B":
        echo"70~80 分";
        break;
    case"C":
        echo"60~70 分";
        break;
    case"D":
        echo"0~60 分";
        break;
}
? >
```

4. 使用 switch 语句制作星期一至星期五在学校吃什么菜的菜谱。产生一个随机数 rand(1,5) 表示星期信息，然后输出这天吃的菜名称。

5. 使用 switch 语句编写表示东、南、西、北方向的程序，1 表示东，2 表示西，3 表示南，4 表示北。产生一个随机数 rand(1,4) 表示方向值，然后输出对应的方向名称。

6. 参照拓展训练第 1 题的要求与效果，把 switch 语句改写为 if 语句。请使用 if 语句修改程序，要求实现同样效果。

7. 参照拓展训练第 2 题的要求与效果，把 switch 语句改写为 if 语句。请使用 if 语句修改程序，要求实现同样效果。

8. 参照拓展训练第 3 题的要求与效果，把 switch 语句改写为 if 语句。请使用 if 语句修改程序，要求实现同样效果。

【课外作业】

1. 请写出 switch 多分支语句的格式。
2. 请说说 switch 多分支语句与 if 条件判断语句有哪些异同点。

任务三 ▶ 掌握循环控制语句应用

【任务描述】

操作视频

PHP 中有一种程序结构，可以按照一定的条件让某段代码重复执行，这种程序结构称为循环结构。循环结构通过循环控制语句实现。程序设计人员可以将需要计算机反复多次处理的操作放在循环控制语句的循环体中，实现代码反复执行。循环的问题类似于运动员绕着操场跑道不停地跑步，汽车轮胎在高速路上不停转动，流水线上的机器人重复地拧紧螺丝，杀毒软件循环扫描与辨别计算机中每个文件是不是病毒文件，循环打印 50 个学生的信息等。下面学习 PHP 中几种循环控制语句。

【先导知识】

1. 认识循环控制语句。常见的 PHP 循环控制语句有 while 循环语句、do...while 循环语句、for 循环语句、foreach 循环语句。

2. 循环控制语句的作用。让简单、反复做的事情或操作通过计算机实现，如果没有循环程序结构，这类问题按顺序结构编写代码，则需要编写很多重复、冗余的代码，而且实现起来很烦琐。有循环控制语句编写循环结构程序，只要轻松地编写几行代码就可以让计算机反复、甚至不停地执行程序开发人员设定的操作。

3. 认识 while 循环语句。while 循环语句与 if 条件语句存在相似之处，它们都是先判断条件是否成立，条件为真才执行{}内的执行语句；但它们作用不同，while 语句反复地进行条件判断，只要条件成立，while 后面{}内的代码就会被反复执行，直到条件不成立，while 循环才结束。

while 循环语句的语法格式如下：

```
while(循环条件)
{
    语句块
}
```

上述语法格式中，循环条件是一个布尔值（true/false），当循环条件为 true 时，不停地执行 while 后面{语句块}中的语句，直到循环条件为 false 时退出循环，执行{}后面的语句。其中 while 后面{语句块}是循环体。while 循环语句执行流程如图 3-28 所示。

4. 认识 do…while 循环语句。do…while 循环语句与 while 循环语句功能类似。

do…while 循环语句的语法格式如下：

```
do
{
    语句块
} while(循环条件);
```

上述语法格式中，先执行 do 后面{}的语句，接着检查循环条件是否为 true，当循环条件为 true 时，不停地执行 do 后面{语句块}中的语句，直到条件为 false 时退出循环，执行{}后面的语句。其中 do 后面{语句块}是循环体。循环体无条件地被执行了一次，然后判断循环条件决定是否继续执行循环体。do…while 执行流程如图 3-29 所示。

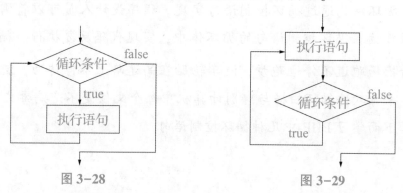

图 3-28　　　　　　　　　　图 3-29

5. 认识 for 循环语句。for 循环是最复杂的循环结构。for 循环语句能够按照已知的循环次数重复地执行循环操作。for 循环语句的语法格式如下：

```
for(表达式1;表达式2;表达式3)
{
    循环体
}
```

上述语法格式中，"表达式 1"是变量初始化，一般只执行一次。"表达式 2"是循环条件，每次循环开始前都执行一次，看是否为 true；当循环条件为 true 时，则执行 for 后面{循环体}

中的语句；当循环条件为 false 时，则退出循环，执行｛｝后面的语句。"表达式3"一般为变量递增或者递减操作，即变量迭代，在每次执行完循环体后执行"表达式3"。执行流程：首先执行"表达式1"。然后判断"表达式2"是否为真，若为真则执行｛循环体｝中的语句，若为假退出循环并执行｛循环体｝后面的语句。当"表达式2"为真时，程序会执行｛循环体｝，执行完｛循环体｝后接着执行"表达式3"，在执行完"表达式3"后会再继续判断循环条件"表达式2"是否为 true，以此类推接着执行。for 执行流程如图 3-30 所示。

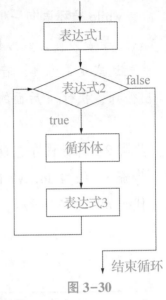

图 3-30

6. 认识 foreach 循环语句。foreach 循环语句一般用来进行遍历数组、列表等循环操作，在后面的单元中会介绍。

7. while 循环、do…while 循环一般在循环次数确定、不确定的情况下都可以使用，for 循环一般用于循环次数可以确定的情况下，foreach 循环一般用于数组、列表等处理。for 循环语句编写的程序代码一般可以转换为用 while、do…while 循环语句编写，但 while、do…while 循环语句编写的代码不一定都能转换成用 for 循环语句来编写。

【任务实现】

步骤 1：编写 while 循环语句程序代码。使用 while 循环语句输出 1~3 中的自然数，代码如图 3-31 所示。

```
1  <!DOCTYPE html PUBLIC "-//W3C//DTD XHTML 1.0 Transitional//EN"
   "http://www.w3.org/TR/xhtml1/DTD/xhtml1-transitional.dtd">
2  <html xmlns="http://www.w3.org/1999/xhtml">
3  <head>
4  <meta http-equiv="Content-Type" content="text/html; charset=utf-8" />
5  <title>无标题文档</title>
6  </head>
7
8  <body>
9  <?php
10 $i=1;          //定义变量$i，赋初值1
11 while($i<=3)   //循环条件，控制是否循环
12 {
13     echo $i." "; //输出$i
14     $i=$i+1;     //改变$i，否则死循环
15 }
16 ?>
17 </body>
18 </html>
```

图 3-31

主要代码如下：

```
<? php
$i=1;                  //定义变量$i,赋初值1
while($i<=3)           //循环条件,控制是否循环
{
    echo $i."";        //输出$i
    $i=$i+1;           //改变$i,否则死循环
}
? >
```

　　步骤 2：保存程序，查看 while 循环语句运行输出结果，如图 3-32 所示。

　　步骤 3：编写 do…while 循环语句程序代码。使用 do…while 循环语句输出 1~3 中的自然数，代码如图 3-33 所示。

图 3-32

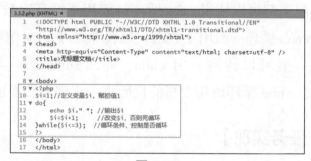

图 3-33

主要代码如下：

```php
<? php
$i=1;                          //定义变量 $i,赋初值 1
do{
    echo $i."";                //输出 $i
    $i = $i+1;                 //改变 $i,否则死循环
}while( $i<=3);                //循环条件,控制是否循环
? >
```

　　步骤 4：保存程序，查看 do…while 循环语句运行输出结果，如图 3-34 所示。

步骤5：编写 for 循环语句程序代码。使用 for 循环语句输出 1~3 中的自然数，代码如图 3-35 所示。

图 3-34

图 3-35

主要代码如下：

```php
<? php
//$i=1是循环变量初始化；$i<=3是循环条件,控制是否循环；$i=$i+1是改变循环变量
for($i=1; $i<=3; $i=$i+1)
{
    echo $i."";                //输出$i
}
? >
```

下面的 for 语句程序代码也可以实现相同功能：

```php
<? php
 $i=1;
for(; $i<=3;)
{
    echo $i."";                //输出$i
    $i=$i+1;
}
? >
```

🧑 **小贴士**

for 循环语句一般用于循环次数确定的情况。在 for 循环语句中改变循环变量的方式不管是递增，还是递减，都需要保证循环有结束的时候，否则程序会死循环，把计算机资源耗尽，甚至导致程序崩溃。比如上面代码中的循环条件 $i<=3$ 可以保证当 $i>3$ 时结束循环，执行 } 后面的语句。for 循环语句一般都可以改写为 while 循环语句或者 do…while 循环语句，但 while 或者 do…while 循环语句不一定都能改写为 for 循环语句。

步骤6：保存程序，查看 for 循环语句运行输出结果，如图 3-36 所示。

图 3-36

【拓展训练】

1. 使用 while 循环语句编写一个程序，实现输出自然数 1、2、3、…、10，如图 3-37 所示。

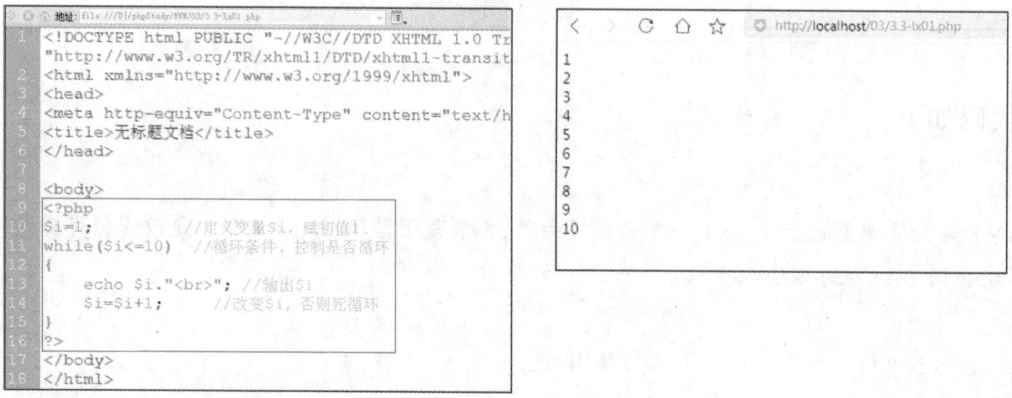

图 3-37

主要代码如下：

```php
<? php
$i=1;                    //定义变量$i,赋初值1
while($i<=10)            //循环条件,控制是否循环
{
    echo $i."<br>";      //输出$i
    $i=$i+1;             //改变$i,否则死循环
}
? >
```

2. 使用 while 循环语句编写一个程序，实现计算 $s = 1+2+3+…+10$（$s = 55$）的值。请把下面的代码补充完整，如图 3-38 所示。

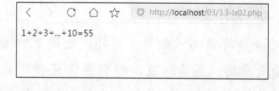

图 3-38

主要代码如下：

```
$i=1;                    //定义变量$i,赋初值1
$s=0;
while(?)                 //循环条件,控制是否循环
{
//echo $i."";           //观察$i值变化
$s=$s+$i;               //$i的值累加
$i=$i+1;                //改变$i,否则死循环
}
echo"1+2+3+...+10=". $s;
```

3. 使用 while 循环语句编写一个程序，实现计算 $s=2+4+6+...+50(s=650)$ 的值。请把下面的代码补充完整，如图 3-39 所示。

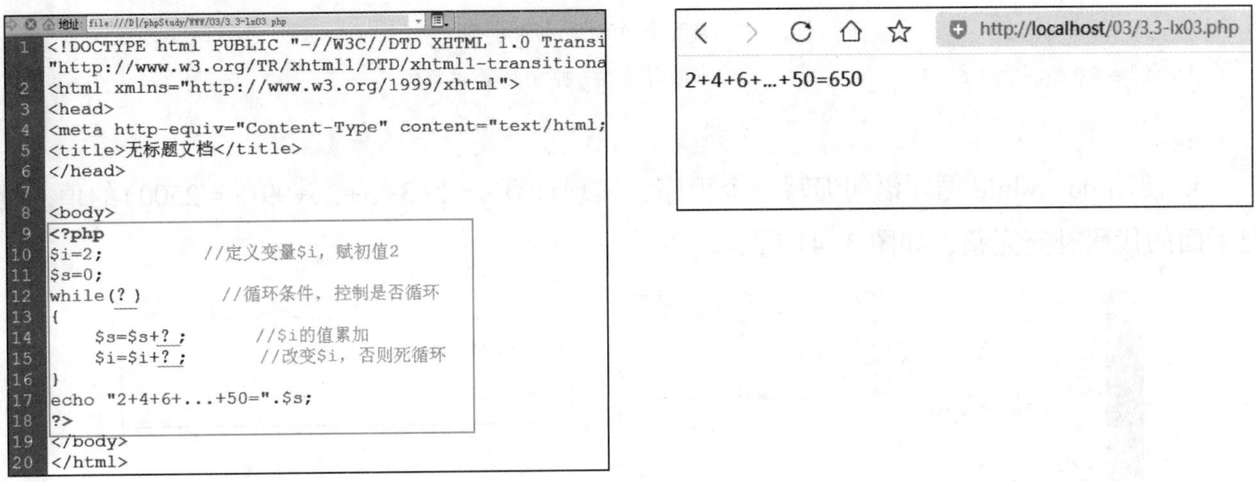

```
1  <!DOCTYPE html PUBLIC "-//W3C//DTD XHTML 1.0 Transi
   "http://www.w3.org/TR/xhtml1/DTD/xhtml1-transitiona
2  <html xmlns="http://www.w3.org/1999/xhtml">
3  <head>
4  <meta http-equiv="Content-Type" content="text/html;
5  <title>无标题文档</title>
6  </head>
7
8  <body>
9  <?php
10 $i=2;          //定义变量$i,赋初值2
11 $s=0;
12 while(? )       //循环条件，控制是否循环
13 {
14     $s=$s+? ;      //$i的值累加
15     $i=$i+? ;      //改变$i,否则死循环
16 }
17 echo "2+4+6+...+50=".$s;
18 ?>
19 </body>
20 </html>
```

http://localhost/03/3.3-lx03.php

2+4+6+...+50=650

图 3-39

主要代码如下：

```
<? php
$i=2;                    //定义变量$i,赋初值2
$s=0;
while(?)                 //循环条件,控制是否循环
{
$s=$s+?;                //$i的值累加
$i=$i+?;                //改变$i,否则死循环
}
echo"2+4+6+...+50=". $s;
? >
```

4. 使用 do...while 循环语句编写一个程序，实现输出自然数 1、2、3、…、10。请把下面的代码补充完整，如图 3-40 所示。

主要代码如下：

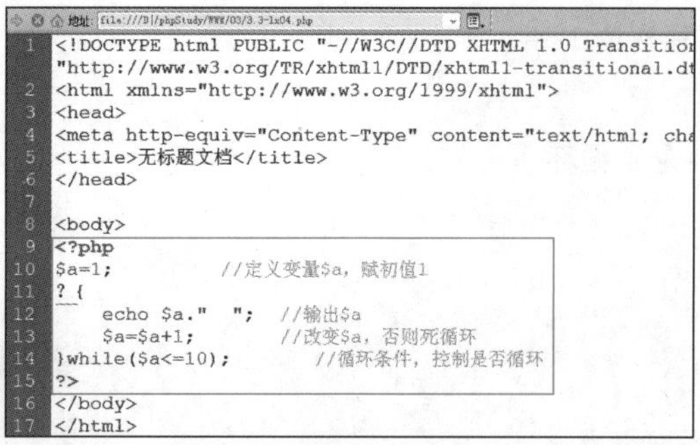

图 3-40

```php
<? php
$a=1;                          //定义变量$a,赋初值1
? {
    echo $a."   ";             //输出$a
    $a= $a+1;                  //改变$a,否则死循环
}while( $a<=10);               //循环条件,控制是否循环
? >
```

5. 使用 do…while 循环语句编写一个程序，实现计算 s = 1+3+5+…+99(s = 2500) 的值。请把下面的代码补充完整，如图 3-41 所示。

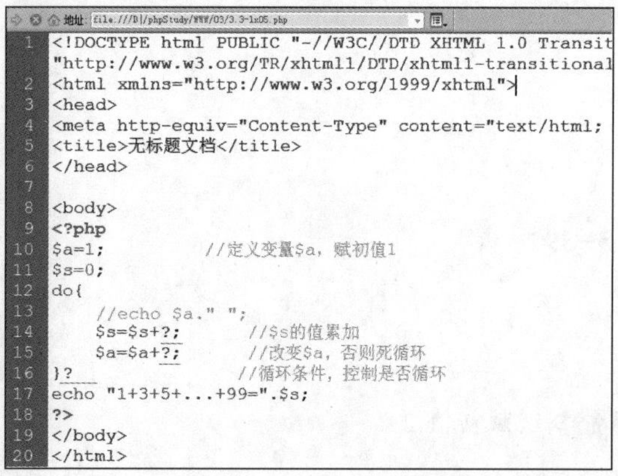

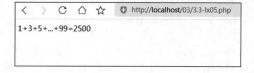

图 3-41

主要代码如下：

```php
<? php
$a=1;                          //定义变量$a,赋初值1
$s=0;
do{
    //echo $a."";
    $s= $s+?;                  //$s的值累加
    $a= $a+?;                  //改变$a,否则死循环
}?                             //循环条件,控制是否循环
echo"1+3+5+…+99=". $s;
? >
```

6. 要求输出自然数 1~10 中的偶数。使用 do…while 循环语句遍历自然数 1、2、3、……、10，再使用 if 语句逐个对这些数进行检测，判断是否为偶数，若是偶数则输出显示。请把下面的代码补充完整，如图 3-42 所示。

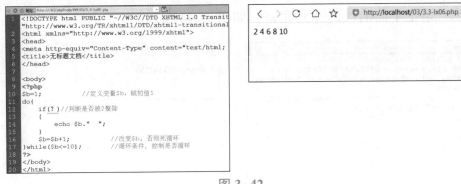

图 3-42

主要代码如下：

```php
<? php
$b=1;                          //定义变量$b,赋初值1
do{
    if(?)                      //判断是否被2整除
    {
        echo $b." ";
    }
    $b= $b+1;                  //改变$b,否则死循环
}while( $b<=10);               //循环条件,控制是否循环
? >
```

7. 要求输出自然数 1~10。使用 for 循环语句产生自然数 1、2、3、……、10，并输出显示。请把下面的代码补充完整，如图 3-43 所示。

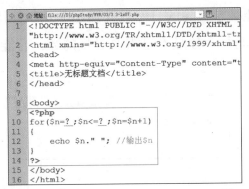

图 3-43

主要代码如下：

```php
<? php
for( $n=1; $n<=10; $n= $n+1)
{
    echo $n."";                        //输出$n
```

```
    }
? >
```

8. 要求输出 2~100 中偶数的和。使用 for 循环语句计算偶数 2、4、6、8、……、100 的和，并输出显示。请把下面的代码补充完整，如图 3-44 所示。

图 3-44

主要代码如下：

```php
<? php
$he=0;
for($b=2;?;?)
{
    //echo $b."";
    $he=$he+$b;                    //$b的值累加
}
echo"2+4+6+...+100=".$he;
?>
```

9. 在自然数 1~100 中找出能被 3 整除且能被 5 整除的自然数并输出显示。使用 for 循环语句产生自然数 1~100，然后使用 if 语句逐个判断每个数是不是需要寻找的数，若能被 3 整除且被 5 整除则输出显示，如图 3-45 所示。

图 3-45

主要代码如下：

```php
<? php
for(?;?; $k = $k+1)
{
    if(?)
    {
        echo $k." ";
    }
}
? >
```

10. 用 for 循环语句编写一个程序，实现计算 $s = 2+4+6+…+50$（$s = 650$）的值。

11. 用 for 循环语句编写一个程序，实现计算 $s = 3+6+9+…+99$（$s = 1683$）的值。

12. 用 for 循环语句编写一个程序，实现计算 $s = 1/1+1/2+1/3+…+1/100$ 的值。

13. 使用 for、if 语句编写一个程序，打印输出 1~99 之间的奇数，并计算它们的和。

14. 使用 for 语句循环嵌套，编写一个程序，打印输出 6 行 5 列符号 "*" 组成的图形。请把下面的代码补充完整，如图 3-46 所示。

图 3-46

主要代码如下：

```php
<? php
for( $i=1; $i<=?; $i = $i+1)
{
    for( $j=1; $j<=?; $j = $j+1)
    {
        echo"*";
    }
    echo"<br>";
}
? >
```

15. 使用 for 语句循环嵌套，编写一个程序，制作一个九九乘法表，并输出算式和计算结果。请把下面的代码补充完整，如图 3-47 所示。

```
1  <!DOCTYPE html PUBLIC "-//W3C//DTD XHTML 1.0 Transiti
   "http://www.w3.org/TR/xhtml1/DTD/xhtml1-transitional.
2  <html xmlns="http://www.w3.org/1999/xhtml">
3  <head>
4  <meta http-equiv="Content-Type" content="text/html; c
5  <title>无标题文档</title>
6  </head>
7
8  <body>
9  <?php
10 for($n=1;$n<=9;?)
11 {
12     for($k=1;$k<=$n;$k=$k+1)
13     {
14         echo "$k*$n=".$k*$n."   ";
15     }
16     echo "<br>";
17 }
18 ?>
19 </body>
20 </html>
```

```
1*1=1
1*2=2  2*2=4
1*3=3  2*3=6  3*3=9
1*4=4  2*4=8  3*4=12  4*4=16
1*5=5  2*5=10  3*5=15  4*5=20  5*5=25
1*6=6  2*6=12  3*6=18  4*6=24  5*6=30  6*6=36
1*7=7  2*7=14  3*7=21  4*7=28  5*7=35  6*7=42  7*7=49
1*8=8  2*8=16  3*8=24  4*8=32  5*8=40  6*8=48  7*8=56  8*8=64
1*9=9  2*9=18  3*9=27  4*9=36  5*9=45  6*9=54  7*9=63  8*9=72  9*9=81
```

图 3-47

主要代码如下：

```
? php
for($n=1;$n<=9;?)
{
for($k=1;$k<=$n;$k=$k+1)
{
echo"$k*$n=".$k*$n."   ";
}
echo"<br>";
}
? >
```

16. 使用 for 循环语句编写一个程序，打印输出 100~200 中既不能被 3 整除又不能被 5 整除的所有整数。

17. 用 for 循环语句编写一个程序，实现计算 s = 2+22+222+…+222…2(10 个 2)的值。

【课外作业】

1. 简述 while 语句语法格式。

2. 简述 do…while 语句语法格式。

3. 简述 for 语句语法格式。

4. 阅读下面程序代码，如图 3-48 所示，写出程序运行的输出结果：_____、_____、_____。

主要代码如下：

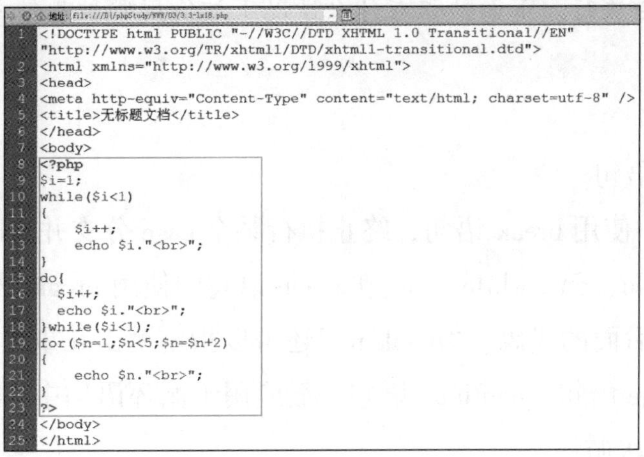

图 3-48

```php
<? php
$i=1;
while($i<1)
{
    $i++;
    echo $i."<br>";
}
do{
    $i++;
    echo $i."<br>";
}while($i<1);
for($n=1;$n<5;$n=$n+2)
{
    echo $n."<br>";
}
? >
```

任务四 ▶ 掌握跳转终止语句应用

【任务描述】

PHP 中常见的跳转语句有 break 语句、continue 语句、goto 语句。其中 break 语句、continue 语句主要用于循环语句执行过程中实现程序流程的跳转，goto 语句用于让代码跳转到另外一个位

置执行。PHP 中的终止语句为 exit 语句，其主要作用是终止整个 PHP 程序的运行，即在 exit 语句后面的程序代码都不会执行。下面认识在什么情况下该使用哪种跳转或者终止语句。

操作视频

【先导知识】

1. 跳转语句 break 语句。

（1）在 switch 语句中使用 break 语句，终止执行某个 case 分支并且跳出 switch 结构。

（2）在循环语句 while、do…while、for、foreach 语句中使用 break 语句，跳出当前的循环语句，执行当前循环语句后面的代码。"break n;"还可以指定跳出几重循环(有循环嵌套时)。

2. 跳转语句 continue 语句。continue 语句一般应用于循环语句中，起到只终止(跳过)本次循环，执行(进入)下一次循环。

3. 跳转语句 goto 语句。goto 语句一般放在程序代码中，起到让程序执行跳转到程序中的另外一个位置的作用。在目标位置使用"目标名称:"来标记。

4. 终止语句 exit 语句。exit 语句是终止整个程序的执行，PHP 文件中 exit 后面的代码都不会执行。

5. die( )和 exit( )都是中止脚本执行函数。其实 exit 和 die 这两个函数名指向的是同一个函数，die( )函数是 exit( )函数的别名。这两个函数只接受一个参数，该参数可以是一个字符串。如果不输入参数，则结果没有返回值。

【任务实现】

步骤 1：学习 break 语句应用。下面程序代码中，当 $i==4$ 时执行 break 语句，程序会在此刻跳出循环体，不再执行本次循环中的语句 echo $i，也不再执行后面的循环，跳转到循环体后面的语句继续执行，如图 3-49 所示。

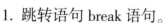

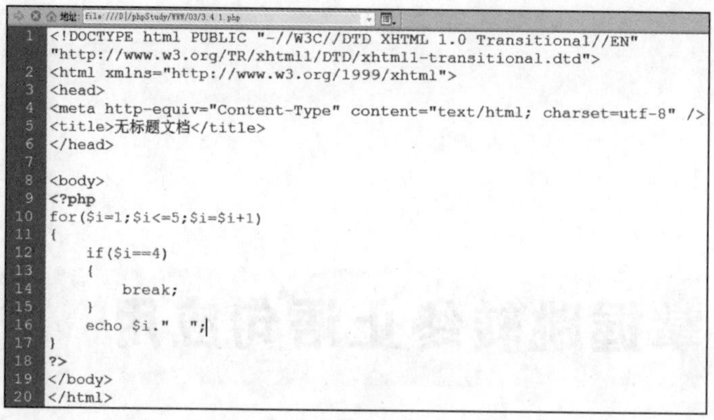

```
1  <!DOCTYPE html PUBLIC "-//W3C//DTD XHTML 1.0 Transitional//EN"
   "http://www.w3.org/TR/xhtml1/DTD/xhtml1-transitional.dtd">
2  <html xmlns="http://www.w3.org/1999/xhtml">
3  <head>
4  <meta http-equiv="Content-Type" content="text/html; charset=utf-8" />
5  <title>无标题文档</title>
6  </head>
7
8  <body>
9  <?php
10 for($i=1;$i<=5;$i=$i+1)
11 {
12     if($i==4)
13     {
14         break;
15     }
16     echo $i." ";
17 }
18 ?>
19 </body>
20 </html>
```

图 3-49

主要代码如下：

```
<? php
for($i=1; $i<=5; $i=$i+1)
{
```

```
    if($i==4)
    {
        break;
    }
    echo $i." ";
}
?>
```

小贴士

虽然 break 语句和 continue 语句都可以用来跳出循环，但它们的作用又有所区别。break 语句用于终止本次循环。continue 语句的作用是跳出本次循环，接着执行下一次循环。逐行分析代码及程序执行过程有助于理解 break 语句作用。

步骤2：保存程序，接着查看、分析程序运行结果，如图 3-50 所示。

步骤3：学习 continue 语句应用。下面程序代码中，当 $i==4 时执行 continue 语句，程序会在此刻跳过本次循环(不执行本次循环中的语句 echo $i)并继续执行后面的循环，如图 3-51 所示。

图 3-50

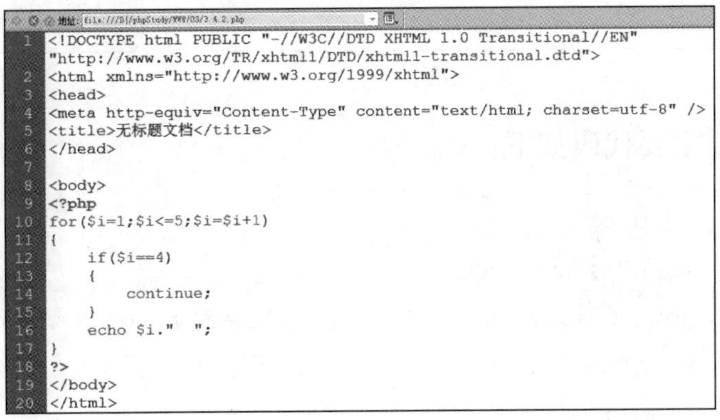

图 3-51

主要代码如下：

```
<? php
for($i=1;$i<=5;$i=$i+1)
{
    if($i==4)
    {
        continue;
    }
    echo $i." ";
}
?>
```

> 小贴士
>
> continue 的作用是跳过本次循环(即当 $i==4$ 时跳过本次循环，不执行 continue 后面的语句 echo $i)，而接着继续执行后面的循环。

步骤4：保存程序，接着查看、分析程序运行结果，如图 3-52 所示。

步骤5：学习 goto 语句应用。goto 语句让程序跳转到另外指定标记的位置，目标位置的"目标名称"要加上冒号来标记，如下面代码中定义了"flag1:""end:"两个目标标记位置，如图 3-53 所示。

图 3-52

```
3  <head>
4  <meta http-equiv="Content-Type" content="text/html; charset=utf-8" />
5  <title>无标题文档</title>
6  </head>
7
8  <body>
9  <?php
10 echo "start"."<br>";
11 goto flag1; //跳转到flag1标记处
12 echo "here"."<br>";//不会被执行
13 flag1:
14 for($i=1;$i<=5;$i=$i+1)
15 {
16     if($i==4)
17     {
18         goto end; //跳转到end标记处执行
19     }
20     echo $i." ";
21 }
22 end:
23 echo "<br>";
24 echo "the end";
25 ?>
26 </body>
```

图 3-53

主要代码如下：

```php
<? php
echo"start"."<br>";
goto flag1;              //跳转到 flag1 标记处
echo"here"."<br>";       //不会被执行
flag1:
for( $i=1; $i<=5; $i= $i+1)
{
    if( $i==4)
    {
        goto end;        //跳转到 end 标记处执行
    }
    echo $i."  ";
}
end:
echo"<br>";
echo"the end";
? >
```

步骤6：保存程序，接着查看、分析程序结果，如图3-54所示。

步骤7：学习 exit 语句。通过 exit 语句终止程序运行，随机产生两个数并计算它们相除后的商，当除数是0时提示"除数不能为0"，并结束运行程序，如图3-55所示。

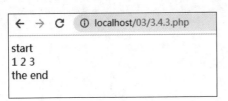

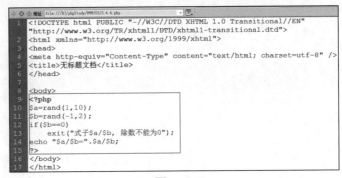

图3-54　　　　　　　　　　　　　　　　图3-55

主要代码如下：

```php
<? php
$a=rand(1,10);
$b=rand(-1,2);
if($b==0)
exit("式子$a/$b,除数不能为0");
    echo"$a/$b=". $a/$b;
? >
```

小 贴 士

终止函数 exit( ) 输出一条消息，并退出当前脚本。该函数是 die( ) 函数的别名。

步骤8：保存程序，接着查看、分析程序运行结果，如图3-56所示。

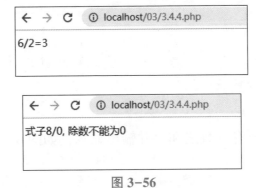

图3-56

【拓展训练】

1. 在自然数 1~100 中找出一个能被 3 整除且能被 7 整除的整数并输出显示，如图3-57所示。

主要代码如下：

```
<? php
for($i=1;$i<=100;$i=$i+1)
{
    if($i%3==0&&$i%7==0)
    {
        echo $i;
        break;
    }
}
?>
```

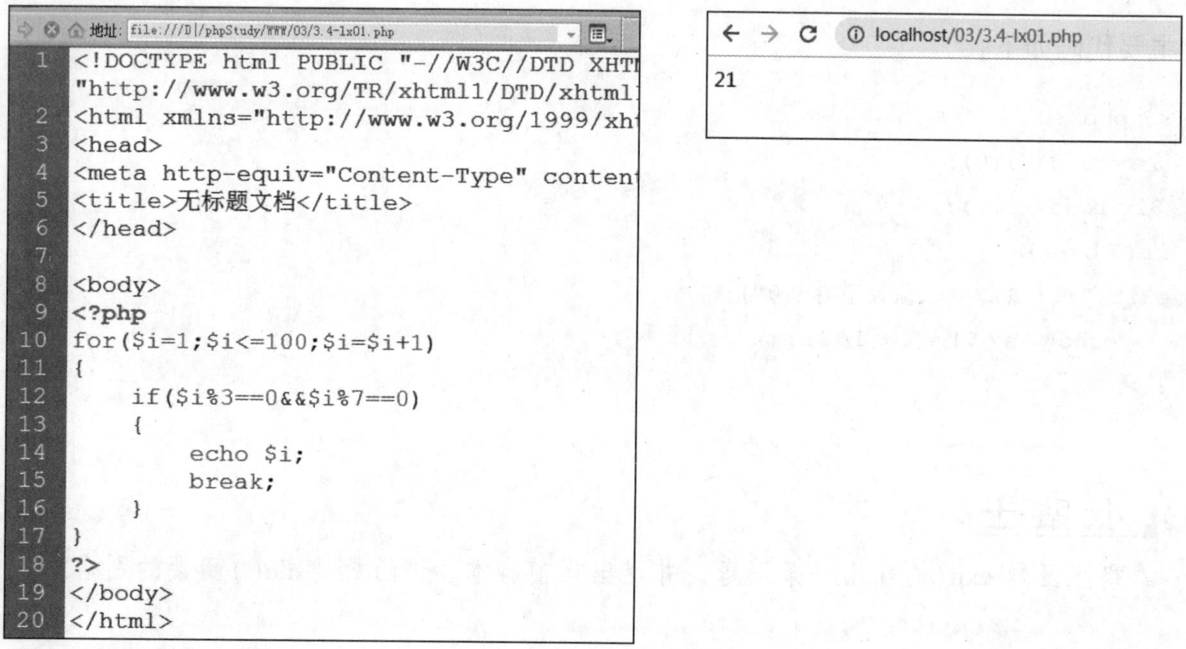

```
1   <!DOCTYPE html PUBLIC "-//W3C//DTD XHT
    "http://www.w3.org/TR/xhtml1/DTD/xhtml1
2   <html xmlns="http://www.w3.org/1999/xht
3   <head>
4   <meta http-equiv="Content-Type" content
5   <title>无标题文档</title>
6   </head>
7
8   <body>
9   <?php
10  for($i=1;$i<=100;$i=$i+1)
11  {
12      if($i%3==0&&$i%7==0)
13      {
14          echo $i;
15          break;
16      }
17  }
18  ?>
19  </body>
20  </html>
```

图 3-57

小 贴 士

有 break 语句则会在查找到一个满足条件的整数后跳出循环；若没有 break 语句，则会找出所有能满足条件的整数。

2. 计算自然数 1~100 中所有奇数之和，并输出显示，如图 3-58 所示。

主要代码如下：

```
<? php
$s=0;
for($i=1;$i<=100;$i=$i+1)
{
    if($i%2==0)
```

```
        {
            continue;
        }
    $s=$s+$i;
}
echo $s;
?>
```

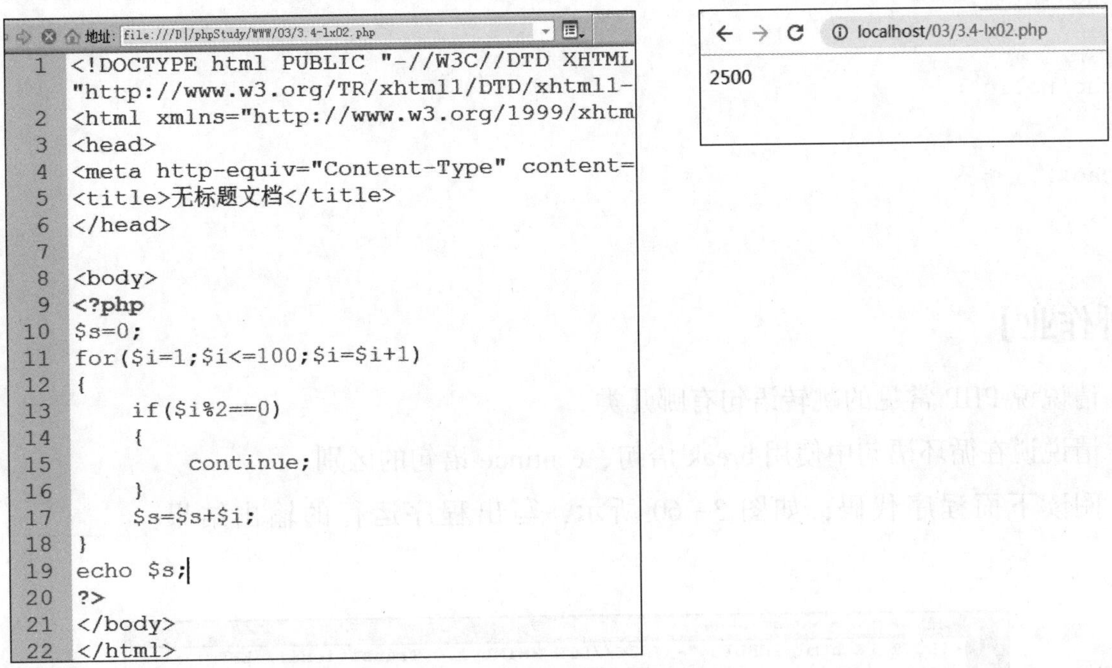

```
1  <!DOCTYPE html PUBLIC "-//W3C//DTD XHTML
   "http://www.w3.org/TR/xhtml1/DTD/xhtml1-
2  <html xmlns="http://www.w3.org/1999/xhtm
3  <head>
4  <meta http-equiv="Content-Type" content=
5  <title>无标题文档</title>
6  </head>
7
8  <body>
9  <?php
10 $s=0;
11 for($i=1;$i<=100;$i=$i+1)
12 {
13     if($i%2==0)
14     {
15         continue;
16     }
17     $s=$s+$i;
18 }
19 echo $s;
20 ?>
21 </body>
22 </html>
```

localhost/03/3.4-lx02.php

2500

图 3-58

3. 请写出下面程序输出的结果，如图 3-59 所示。

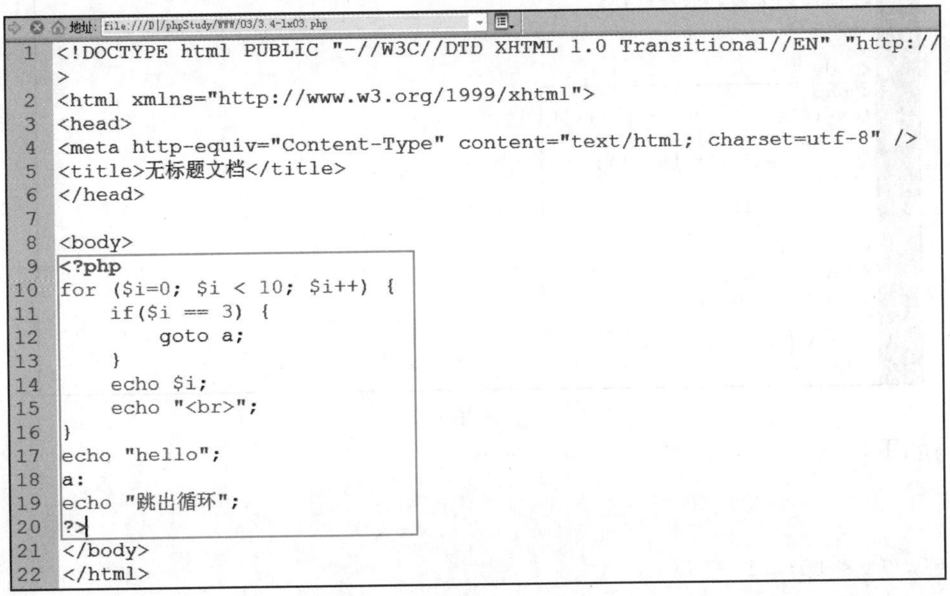

```
1  <!DOCTYPE html PUBLIC "-//W3C//DTD XHTML 1.0 Transitional//EN" "http://
   >
2  <html xmlns="http://www.w3.org/1999/xhtml">
3  <head>
4  <meta http-equiv="Content-Type" content="text/html; charset=utf-8" />
5  <title>无标题文档</title>
6  </head>
7
8  <body>
9  <?php
10 for ($i=0; $i < 10; $i++) {
11     if($i == 3) {
12         goto a;
13     }
14     echo $i;
15     echo "<br>";
16 }
17 echo "hello";
18 a:
19 echo "跳出循环";
20 ?>
21 </body>
22 </html>
```

图 3-59

主要代码如下：

```php
<? php
for( $i=0; $i < 10; $i++ ){
    if( $i == 3 ){
        goto a;
    }
    echo $i;
echo"<br>";
}
echo"hello";
a:
echo"跳出循环";
? >
```

【课外作业】

1. 请说说 PHP 常见的跳转语句有哪几类。

2. 请说说在循环语句中使用 break 语句、continue 语句的区别。

3. 阅读下面程序代码，如图 3-60 所示，写出程序运行的输出结果： ＿＿＿＿＿＿ 、

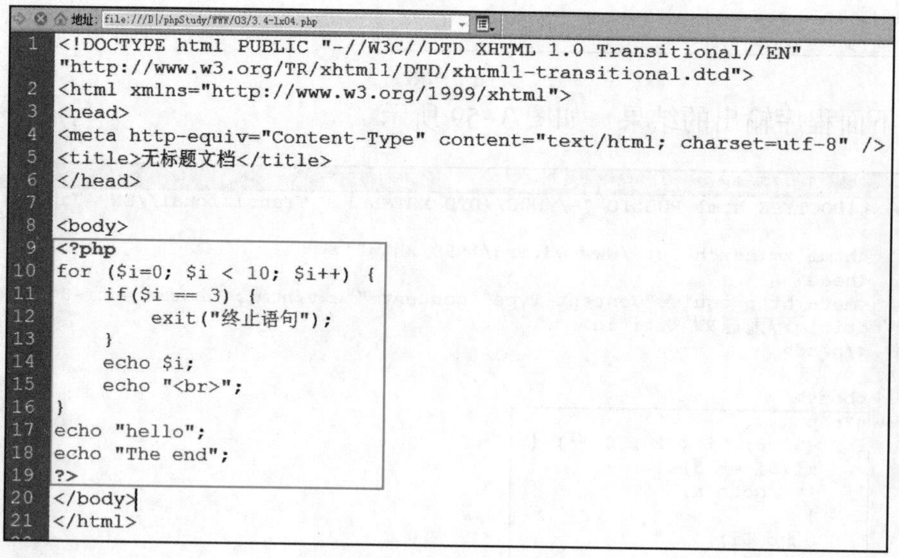

＿＿＿＿＿ 、 ＿＿＿＿＿＿ 。

```
1  <!DOCTYPE html PUBLIC "-//W3C//DTD XHTML 1.0 Transitional//EN"
   "http://www.w3.org/TR/xhtml1/DTD/xhtml1-transitional.dtd">
2  <html xmlns="http://www.w3.org/1999/xhtml">
3  <head>
4  <meta http-equiv="Content-Type" content="text/html; charset=utf-8" />
5  <title>无标题文档</title>
6  </head>
7
8  <body>
9  <?php
10 for ($i=0; $i < 10; $i++) {
11     if($i == 3) {
12         exit("终止语句");
13     }
14     echo $i;
15     echo "<br>";
16 }
17 echo "hello";
18 echo "The end";
19 ?>
20 </body>
21 </html>
```

图 3-60

主要代码如下：

```php
<? php
for( $i=0; $i < 10; $i++ ){
    if( $i == 3 ){
        exit("终止语句");
    }
```

```
        echo $i;
    echo"<br>";
}
echo"hello";
echo"The end";
? >
```

4. 解决存钱买房凑首付的问题。第 1 天存 1 元，第 2 天存 2 元，……，第 n 天存 n 元，请问多少天后可以存够商品房首付 8 万元？

【单元小结】

通过本单元学习，学生明确了 PHP 程序设计流程控制语句的使用。

UNIT 4

单元 ④

利用函数实现指定功能

- 掌握函数定义
- 掌握函数分类
- 掌握系统函数调用注意事项
- 掌握如何自定义函数与使用自定义函数
- 掌握 PHP 文件的引用(包含)

【知识导引】

前面学习了 PHP 基本语法和流程控制语句，使用这些基本语法与流程控制语句可以实现解决简单问题的功能，比如计算总分、平均成绩，进行数值比较等。但如果程序中需要重复执行某种功能性的操作，则需要重复编写多次相同的代码，这样不但增加了程序员编写代码的工作量，而且给后期的代码维护造成困难。为了解决这样的问题，PHP 提供了"函数"机制，将程序中烦琐的、重复的、需多次编写且具有相同功能的代码模块化，需要用到这些功能代码时直接调用即可。这样可以提高程序代码的可读性，也可以增加程序代码在后期的可维护性。本单元将介绍内置函数与自定义函数。利用系统已有的内置函数可以解决很多实际问题；对于个别在系统内置函数中找不到相应功能的函数的情况，则可以通过自定义函数来解决问题。编写程序的过程，其实就是不停地调用系统内置函数或者自定义函数与使用自定义函数的过程，所以有关函数的内容也是编程语言的核心内容。

任务一 使用系统内置函数

【任务描述】

在编写程序的过程中碰到各种需要解决的问题，比如随机抽奖、获取时间、获取服务器信息、文件读写、字符串处理、数据库访问、用户登录信息保存等，开发人员首先会思考 PHP 有没有提供相关的功能函数，如果有相应的功能函数，则直接调用系统提供的函数以解决问题。PHP 提供了很多实用的系统内置函数，通过系统已有的内置函数可以解决很多实际问题。本任务重点介绍系统已有的内置函数的使用。

操作视频

【先导知识】

1. 了解什么是函数。函数是实现某种功能并可以在程序中重复使用的语句块，函数通过调用来执行，通过多次调用，实现多次重复某种操作或某种处理，比如产生随机数、求 2 个数的最大值、产生图形验证码、字符串操作、连接访问数据库、数据表读取、显示数据记录等。在 PHP 中有超过 1000 个内置函数，PHP 的强大功能也是源自它的函数。

2. PHP 函数分为系统的内置函数、自定义函数、变量函数。

（1）系统内置函数，是 PHP 内部已经预先定义好的函数，不需要用户定义，开发者在程

序编写过程中，需要用到时直接调用即可。关于 PHP 有哪些内置函数及如何使用，可以参考 PHP 开发手册与实例。比如 rand( ) 函数为随机函数，phpinfo( ) 函数用于输出关于 PHP 配置的信息，mysqli_ connect( ) 函数用于建立与数据库连接，imageline( ) 函数用于绘制一条线段，strlen( ) 函数用于获取字符串长度，strcmp( ) 函数用于字符串比较等。

（2）自定义函数，对于个别在系统内置函数中找不到相应功能函数的情况，则可以通过自定义函数来解决。开发人员根据实际需要编写一段程序代码，把一段代码封装成模块，用一个函数名称来代表这段代码，这就是自定义函数。自定义函数需要先定义，后调用。

（3）变量函数类似于可变变量，它的函数名是一个变量。

3. 函数通过调用来实现函数的执行。

4. 调用函数的注意事项。

（1）函数名称以字母或者下画线开头，不能以数字开头。

（2）函数名称区分大小写。

（3）调用函数时应注意函数的参数以及有没有返回值。

5. PHP 常见内置函数有字符串函数、时间日期函数、数学相关函数、数组相关函数、文件操作函数、会话函数、通信函数、图像处理函数、数据库操作函数、排序函数、判断变量函数、报错函数、序列化函数、编码函数等。

【任务实现】

步骤 1：使用 PHP 数学相关函数。利用 rand( ) 随机函数制作一个随机抽奖程序，假设某班有 50 个同学，同学的学号是 200301 至 200350，所有同学的学号都是 6 位数字，请编程随机抽取一个学号作为获奖者，如图 4-1 所示。

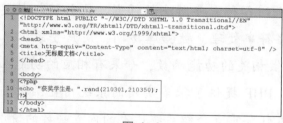

图 4-1

主要代码如下：

```
<? php
echo"获奖学生是:".rand(210301,210350);
? >
```

小 贴 士

rand( ) 函数用于取得一个指定范围内的随机整数。

步骤2：保存程序，查看抽奖输出结果，如图4-2所示。

步骤3：使用PHP常见字符串操作函数。利用strlen()函数返回字符串的长度，利用str_word_count()函数返回字符串中单词的个数，利用strtolower()函数将字符串转换成小写，利用strtoupper()函数将字符串转成大写，利用substr_count()函数计算字符串出现的次数，利用substr()截取一段字符串，如图4-3所示。

图4-2　　　　　　　　　　　　　　　　图4-3

主要代码如下：

```php
<? php
echo strlen('me').'<br>';                          //返回字符串长度
echo str_word_count('How  are you? ').'<br>';      //返回单词的个数
echo strtolower('a cat').'<br>';                    //所有的字符都小写
echo strtoupper('a cat').'<br>';                    //所有的字符都大写
echo substr_count('This is a bird','is').'<br>';   //某字符串出现的次数
echo substr('this',2,2).'<br>';                     //字符串截取
? >
```

步骤4：保存程序，查看字符串函数输出结果，如图4-4所示。

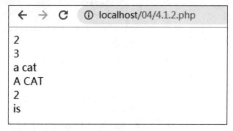

图4-4

小 贴 士

PHP提供了丰富的字符串操作、处理函数，具体可以查看PHP开发手册。

步骤5：使用PHP常见文件操作函数。利用fopen()函数打开文件，利用fwrite()函数写入文件，利用fstat()函数读取文件的信息，利用file_get_contents()函数读取文件的全部内容，利用fclose()函数关闭已打开的文件，如图4-5所示。

图 4-5

主要代码如下：

```php
<? php
$file=fopen("test.txt","w+");               //打开文件或者 URL
fwrite($file,"hello world!");               //写入文件
fclose($file);                              //关闭一个已打开的文件指针
$fp =fopen("test.txt","r");
$fstat=fstat($fp);                          //显示文件的所有信息
//print_r($fstat);
echo  '文件大小:'.$fstat['size'].'<br>';     //文件大小
echo file_get_contents("test.txt");         //将文件一下全部读取
? >
```

步骤 6：保存程序，查看文件写入、读取情况，如图 4-6 所示。

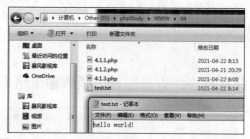

图 4-6

小 贴 士

PHP 提供了很多文件操作函数，具体可以查阅 PHP 开发手册。copy（"cc：\\ test. txt","dc：\\1. txt"）函数用于复制文件，mkdir（"c：\\test. txt"，0777，true）函数用于创建 0777 权限的 test. txt 文件，0777 权限指所有人都有全部的读写以及执行权限。rmdir（"cc：\\test. txt"）用于创建默认权限的 test. txt 文件。

PHP 写入文件的方式主要有两种：第一种是传统写入文件方式，如" $fp = fopen（"cc：\\test. txt","a+"）；fwrite（$fp,"hello world!"）"，其中"a+"是追加内容，若改为"w+"则可以覆盖原来的内容。第二种写入文件的方式，如"file_ put_ contents（"cc：\\ test. txt","welcome!"，FILE_ APPEND）；"。

【拓展训练】

1. PHP 中随机函数与数学相关函数的应用。rand( )函数产生随机数，sprintf( )函数格式化字符串，abs( )函数返回一个数的绝对值，sqrt( )函数对一个数求平方根，如图4-7所示。

图 4-7

主要代码如下：

```php
<? php
echo"获奖工号是:". sprintf("% 02d",rand(1,50)). "<br>";
$a=rand(-100,100);
$b=rand(1,100);
echo $a. "的绝对值是:". abs($a). "<br>";
echo $b. "的平方根是:". sqrt($b). "<br>";
? >
```

2. 使用函数显示 PHP 服务器站点信息。使用 $_SERVER['SystemRoot']函数返回根目录的路径，使用 $_SERVER['SERVER_PORT']函数返回网站使用端口号，使用 php_uname( )函数返回操作系统信息，使用 phpversion( )函数返回 PHP 版本信息，使用 date("Y-m-d G:i:s")函数返回服务器的时间，如图4-8所示。

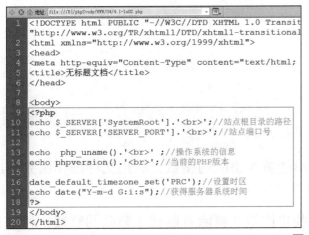

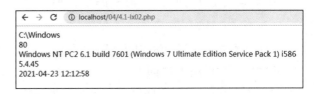

图 4-8

主要代码如下：

```php
<? php
echo $_SERVER['SystemRoot'].'<br>';        //站点根目录的路径
echo $_SERVER['SERVER_PORT'].'<br>';        //站点端口号
echo  php_uname().'<br>';                   //操作系统的信息
echo phpversion().'<br>';                   //当前的 PHP 版本
date_default_timezone_set('PRC');           //设置时区
echo date("Y-m-d G:i:s");                   //获得服务器系统时间
? >
```

3. 使用文件操作函数进行文件读、写操作。$file=fopen("lianxi.text","a+")函数以追加文件内容的方式打开文件，fwrite()函数写文件，fstat()函数获取文件信息，file_get_contents()函数读取文件内容，如图4-9所示。

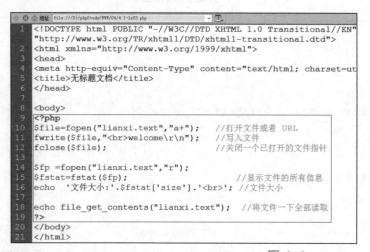
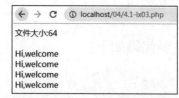

图 4-9

主要代码如下：

```php
<? php
$file=fopen("lianxi.text","a+");            //打开文件或者 URL
fwrite($file,"<br>welcome\r\n");            //写入文件
fclose($file);                             //关闭一个已打开的文件指针
$fp =fopen("lianxi.text","r");
$fstat=fstat($fp);                         //显示文件的所有信息
echo  '文件大小:'.$fstat['size'].'<br>';   //文件大小
echo file_get_contents("lianxi.text");     //将文件一下全部读取
? >
```

4. 使用 for 语句、if 语句在 1 至 100 之间找出能被 5 整除的整数，利用文件操作函数输出保存在 if.text 文件中。

5. 使用 while 语句、if 语句在 1 至 100 之间找出能被 7 整除且能被 3 整除的整数，利用文件操作函数输出保存在 while.text 文件中。

【课外作业】

1. 什么是函数？
2. 简述 PHP 中的函数分类。
3. PHP 常见的系统内置函数有哪些？

任务二 ▶ 自定义函数及调用

【任务描述】

操作视频

小明在编写程序代码过程中，发现有些问题在内置函数中找不到相应的功能函数，或者即使找了类似的内置函数，也觉得内置函数不能完满地解决他碰到的问题，比如计算两个数的平方和、统计班级学生成绩、发送邮件、找回密码、计算员工的实发工资等。他学习尝试自定函数来解决碰到的实际问题。

【先导知识】

1. 了解什么时候进行自定义函数。对于个别在系统内置函数中找不到对应功能函数的情况，开发人员通常会将实现特定功能的一段程序代码封装在一起，把这段代码定义成一个自定义函数，并使用一个函数名称代表此段程序代码。

2. 函数名和 PHP 中的其他标识符命名规则相同。有效的函数名以字母或下画线开头，后面跟字母、数字或下画线。

3. 自定义函数格式如下：

```
function   函数名称([参数1 [,参数2 [,...]]]){
    程序内容叙述(也叫函数体);
    [return 返回值;]                    //函数有返回值时使用
}
```

4. 对自定义函数的几点说明。

（1）函数定义格式。用户定义的函数声明以关键词 function 开头；花括号"{"指示函数代码的开始，而回花括号"}"指示函数的结束。

（2）函数的函数体。用于定义实现指定功能的代码块，以"{"开头，以"}"结束。

（3）函数的参数。可以通过参数向函数传递信息。参数类似于变量。参数被定义在函数名

之后，位于括号内部。可以添加任意数量的参数，只要用逗号隔开即可。

（4）函数的返回值。当调用函数时，如果需要它返回一些数值，那么就要在函数体中用 return 语句实现。格式如下：

```
return 返回值;//返回值也可以是一个表达式
```

（5）函数是实现某种功能可以在程序中重复使用的语句块。

（6）函数只有在被调用时才会执行。

（7）函数名应该能够反映函数所执行的任务或实现的功能。

5. 使用（调用）函数格式如下：

```
函数名称([参数 1 [,参数 2 [,…]]]);
```

6. 函数之间数据的传递。PHP 程序一般由若干个相对独立的函数组成，但各个函数所处理的数据往往是同一批数据，而各环节所完成的处理又各不同；PHP 程序中函数的功能相对独立，但被处理的数据却是相关联的，函数间的数据传递可以通过使用参数、返回值或者使用全局变量实现。

7. 函数参数的传递。参数传递方法有两种，一种称为参数值传递，另一种称为地址传递（也称参数引用，在形参前加"&"符号）。按值传递，实参与形参在内存中都有独立存储空间，形参的改变不会影响实参；按地址传递，是将实参的存储地址传递给形参，PHP 不会分配单独的存储空间给形参，形参与实参共用存储单元，形参值的改变会影响到实参。如图 4-10 所示。

8. 自定义函数被定义好之后可以多次重复调用，以便简化程序代码，同时提高代码的可维护性、可阅读性。

9. 本任务要求掌握自定义一个函数及调用自定义函数的方法。

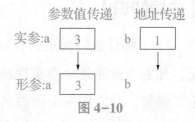

图 4-10

 【任务实现】

步骤 1：自定义一个无参数、无返回值的函数 myshow( )，如图 4-11 所示。

图 4-11

主要代码如下：

```php
<? php
//自定义函数 myshow()
function myshow()
{
    echo"My name is John. ";
}
myshow();  //第1次调用
myshow();  //第2次调用
? >
```

小贴士

自定义函数 myshow( ) 中没有返回值，函数名后面的小括号里也没有参数，是无参数、无返回值的自定义函数。自定义好函数之后，可以多次调用自定义函数，实现代码的重复使用。要注意，对于自定义函数，只有在调用它时才会执行函数体内的代码。

步骤2：保存程序，查看调用自定义函数的运行结果，如图4-12所示。

步骤3：自定义一个有参数、无返回值的函数 add( )，通过自定义函数 add( ) 实现对2个数相加求和，那么需要传递2个参数；由于无返回值，在 add( ) 函数内部将计算的结果输出显示，代码如图4-13所示。

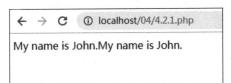

图 4-12

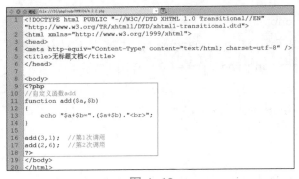

图 4-13

主要代码如下：

```php
<? php
//自定义函数 add
function add($a,$b)
{
    echo"$a+$b=".($a+$b)."<br>";
}
add(3,1);                            //第1次调用
```

```
add(2,6);                              //第 2 次调用
? >
```

步骤 4：保存程序，查看自定函数调用执行结果，如图 4-14 所示。

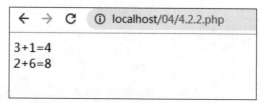

图 4-14

步骤 5：自定义一个有参数有返回值的函数 pingfanghe( )，通过自定义函数 pingfanghe( ) 实现求 2 个数的平方和，那么需要传递 2 个参数，调用函数 pingfanghe($a,$b)后会返回一个数值，这个数值就是" $a * $a+ $b * $b"的值，代码如图 4-15 所示。

```
1  <!DOCTYPE html PUBLIC "-//W3C//DTD XHTML 1.0 Transitional//EN"
   "http://www.w3.org/TR/xhtml1/DTD/xhtml1-transitional.dtd">
2  <html xmlns="http://www.w3.org/1999/xhtml">
3  <head>
4  <meta http-equiv="Content-Type" content="text/html; charset=utf-8" />
5  <title>无标题文档</title>
6  </head>
7
8  <body>
9  <?php
10 //自定义函数pingfanghe
11 function pingfanghe($a,$b)
12 {
13     return $a*$a+$b*$b;
14 }
15
16 echo '1、2的平方和为：'.pingfanghe(3,1);   //第1次调用
17 echo "<br>";
18 echo '2、3的平方和为：'.pingfanghe(2,6);   //第2次调用
19 ?>
20 </body>
21 </html>
```

图 4-15

主要代码如下：

```
<? php
//自定义函数 pingfanghe
function pingfanghe($a,$b)
{
    return $a * $a+ $b * $b;
}


echo'3、1 的平方和为：'.pingfanghe(3,1);                //第 1 次调用
echo"<br>";
echo'2、6 的平方和为：'.pingfanghe(2,6);                //第 2 次调用
? >
```

步骤 6：保存程序，查看自定函数调用执行结果，如图 4-16 所示。

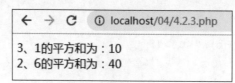

图 4-16

【拓展训练】

1. 自定义一个函数 pingfang($i)计算一个数的平方，并将计算的结果输出，如图 4-17 所示。

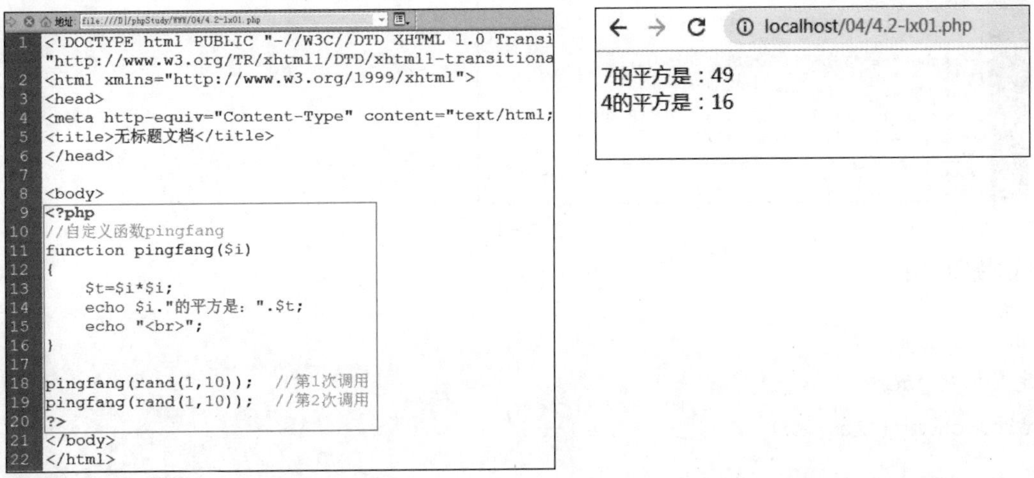

图 4-17

主要代码如下：

```php
<? php
//自定义函数 pingfang
function pingfang($i)
{
    $t=$i*$i;
    echo $i."的平方是:".$t;
    echo"<br>";
}
pingfang(rand(1,10));               //第1次调用
pingfang(rand(1,10));               //第2次调用
? >
```

小 贴 士

知道了定义 pingfang($i)求一个数的平方的方法，那么也应知道了自定义一个函数 lifang($n)求一个数的立方的方法。

2. 自定义一个函数 cheng($a,$b)，用于计算两个数 $a 与 $b 的乘积，并将计算结果输出，如图 4-18 所示。

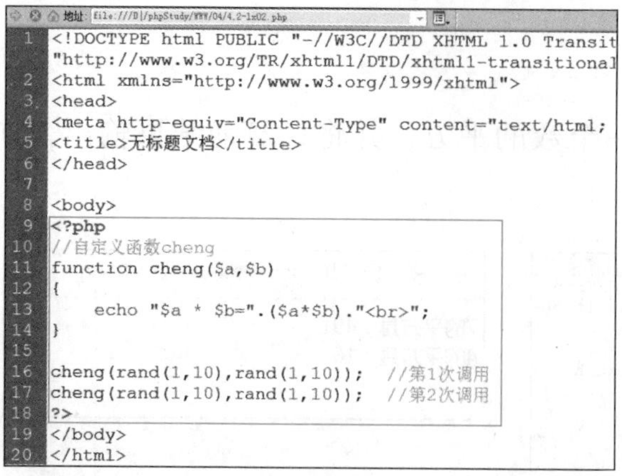

图 4-18

主要代码如下：

```php
<? php
//自定义函数 cheng
function cheng( $ a, $ b)
{
    echo" $ a * $ b=".( $ a * $ b)."<br>";
}
cheng(rand(1,10),rand(1,10));           //第 1 次调用
cheng(rand(1,10),rand(1,10));           //第 2 次调用
? >
```

3. 自定义一个函数 yuan($ r)，用于计算圆周长、面积，并将计算结果输出，如图 4-19
所示。

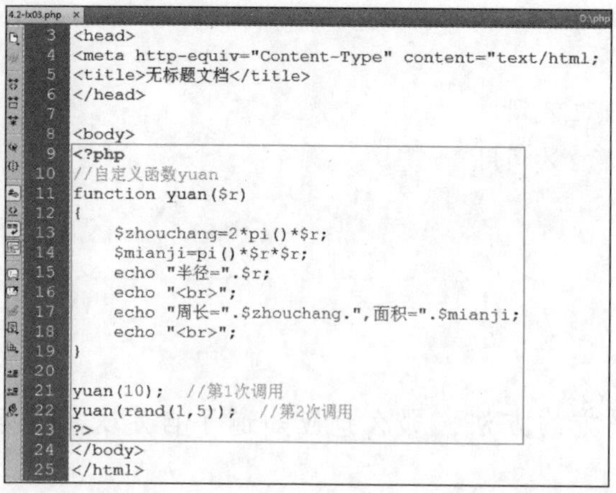

图 4-19

主要代码如下：

```php
<? php
//自定义函数 yuan
function yuan( $ r)
{
    $ zhouchang=2 * pi() * $ r;
```

```
    $mianji=pi()*$r*$r;
    echo"半径=".$r;
    echo"<br>";
    echo"周长=".$zhouchang.",面积=".$mianji;
    echo"<br>";
}
yuan(10);                        //第1次调用
yuan(rand(1,5));                 //第2次调用
?>
```

4. 自定义一个函数 fn_jue($b)，用于求出一个数的绝对值并返回。下面分别使用系统内置函数 abs()以及自定义函数 fn_jue()求一个随机数的绝对值，最终都能计算出正确的结果，如图 4-20 所示。

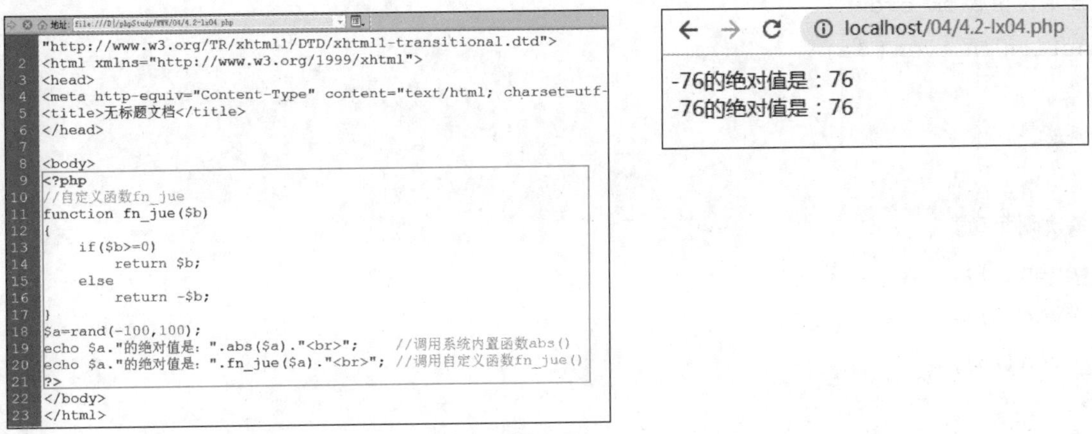

图 4-20

主要代码如下：

```
<? php
//自定义函数 fn_jue
function fn_jue($b)
{
    if($b>=0)
    return $b;
    else
    return -$b;
}
$a=rand(-100,100);
echo $a."的绝对值是:".abs($a)."<br>";        //调用系统内置函数 abs()
echo $a."的绝对值是:".fn_jue($a)."<br>";      //调用自定义函数 fn_jue()
? >
```

5. 自定义一个函数 fn_even($n)，要求这个函数能判断一个自然数的奇偶性。下面给出了部分代码提示，要求将代码补充完整，让程序能正常运行，如图 4-21 所示。

```
1  <!DOCTYPE html PUBLIC "-//W3C//DTD XHTML 1.0 Transi
   >
2  <html xmlns="http://www.w3.org/1999/xhtml">
3  <head>
4  <meta http-equiv="Content-Type" content="text/html;
5  <title>无标题文档</title>
6  </head>
7
8  <body>
9  <?php
10 //自定义函数fn_even
11   function fn_even($a)
12  {
13      ......
14  }
15 //多次调用函数
16 fn_even(2);
17 fn_even(5);
18 fn_even(10);
19 ?>
20 </body>
21 </html>
```

localhost/04/4.2-lx05.php

2是偶数
5是奇数
10是偶数

图 4-21

主要代码如下：

```php
<? php
//自定义函数 fn_even
function fn_even($a)
{
    ...
}
//多次调用函数
fn_even(2);
fn_even(5);
fn_even(10);
? >
```

6. 自定义一个函数 fn_cubic($a)，要求这个函数能计算出某个数的立方(相乘 3 次)。下面给出了部分代码提示，要求将代码补充完整，让程序能正常运行，如图 4-22 所示。

```
1  <!DOCTYPE html PUBLIC "-//W3C//DTD XHTML 1.0 Transi
   >
2  <html xmlns="http://www.w3.org/1999/xhtml">
3  <head>
4  <meta http-equiv="Content-Type" content="text/html;
5  <title>无标题文档</title>
6  </head>
7
8  <body>
9  <?php
10 //下面自定义函数fn_cubic,功能是计算一个数的立方
11
12
13 //多次调用函数
14 fn_cubic(3);
15 fn_cubic(4);
16 fn_cubic(5);
17 fn_cubic(10);
18 ?>
19 </body>
20 </html>
```

localhost/04/4.2-lx06.php

3的立方：27
4的立方：64
5的立方：125
10的立方：1000

图 4-22

主要代码如下：

```php
<? php
//下面自定义函数 fn_cubic,功能是计算一个数的立方
...
```

```
//多次调用函数
fn_cubic(3);
fn_cubic(4);
fn_cubic(5);
fn_cubic(10);
?>
```

7. 自定义一个函数 xing($a)，要求这个函数能输出 $a 行、$a 列的"*"，构成一个图形，如图 4-23 所示。

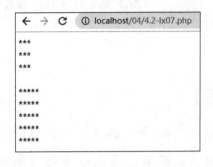

图 4-23

主要代码如下：

```
<? php
//下面自定义函数 xing,功能是输出星号构成的图形
function xing($a)
{
    for($i=1; $i<= $a; $i= $i+1)
    {
        for($j=1; $j<= $a; $j= $j+1)
        {
            echo"*";
        }
        echo"<br>";
    }
    echo"<br>";
}
//多次调用函数
xing(3);
xing(5);
?>
```

【课外作业】

1. 请写出自定义函数的语法格式。
2. 请说说自定义函数有哪些注意事项。

任务三 ▶ **函数的高级应用**

【任务描述】

操作视

前面介绍了系统内置函数、自定义函数、函数的调用方法以及函数的参数传递，本任务进一步认识函数，将介绍函数的高级应用，包括函数中变量的作用域、变量函数、函数的嵌套调用、函数的递归调用。

【先导知识】

1. 变量的作用域。变量需要先定义后使用，但并不是定义变量后就可以随时使用变量。变量在程序中可以被使用的区域，称为变量的作用域。

2. 变量的分类。按作用域可以将变量分为全局变量和局部变量。

（1）全局变量。在函数外部定义的变量称为全局变量。全局变量也可以理解为被定义在所有函数之外的变量。全局变量的作用域是整个 PHP 文件，但全局变量在用户自定义函数内部是不可用的。若想在用户自定义函数内部使用全局变量，必须用关键词 global 声明，或者通过使用全局数组 ＄GLOBALS 进行访问。

（2）局部变量。在函数内部定义的变量，其作用域是所在函数范围，称为局部变量。局部变量作用域仅限于在函数内部使用，在函数外部不能使用。

3. 变量函数。变量函数又称为可变函数。在变量名后面紧跟有圆括号"（ ）"，PHP 将会寻找与变量的值同名的函数，并尝试执行找到的函数。

4. 函数的嵌套调用。函数的嵌套是指在函数执行过程中调用另一个函数。这种在函数内部调用其他函数的方式称为函数嵌套调用。

5. 函数的递归调用。在函数的嵌套调用中，有一种特殊的嵌套调用，是在函数的内部调用自身的函数名，即函数自己调用自己本身，称为函数的递归调用。为了避免函数无限递归调用，需要设置递归条件以便达到一定条件时能结束递归调用。

【任务实现】

步骤1：在函数外部定义全局变量 $num=100$ 并在函数内部定义局部变量 $a=10$，运行程序代码后提示变量 num 在函数内部未定义，num 的值也没有输出，因为在函数内部不能直接使用定义在函数外部的全局变量，如图 4-24 所示。

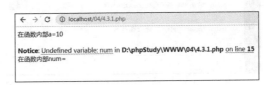

图 4-24

主要代码如下：

```php
<? php
$num=100;
function myfn()
{
    $a=10;
    echo"在函数内部 a=". $a. "<br>";
    echo"在函数内部 num=". $num. "<br>";
}
myfn();                     //调用函数
? >
```

小贴士

如果需要在函数内部使用函数外部定义的全局变量，必须在函数内部使用关键词 global 修饰变量，或者使用 $GLOBALS["变量名"] 的方式调用函数外部定义的全局变量。

步骤2：在函数内部使用 global 修饰变量或者使用 $GLOBALS["变量名"]调用函数外部定义的全局变量。修改上面代码之后，程序即可正常运行，如图 4-25 所示。

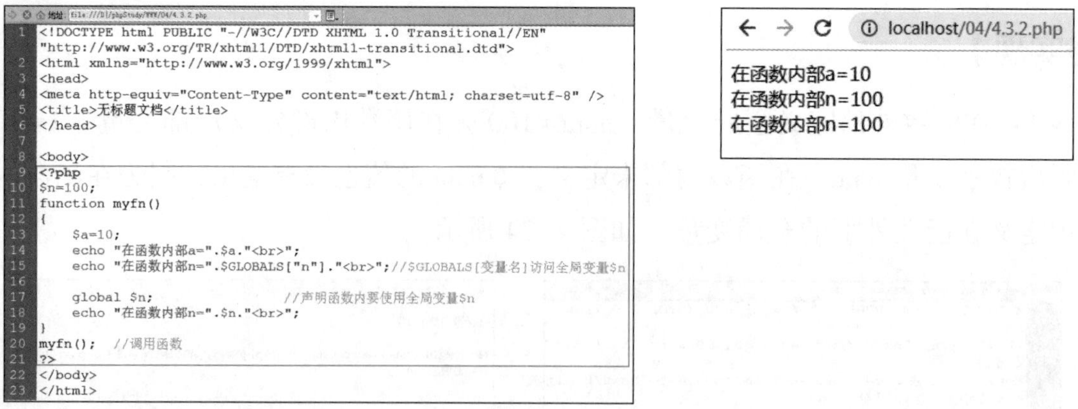

图 4-25

主要代码如下：

```php
<? php
$n=100;
function myfn()
{
    $a=10;
    echo"在函数内部 a=". $a. "<br>";
    echo"在函数内部 n=". $GLOBALS["n"]. "<br>";        // $GLOBALS[变量名]访问全局变量 $n
    global $n;                                      //声明函数内要使用全局变量 $n
    echo"在函数内部 n=". $n. "<br>";
}
myfn();                                             //调用函数
? >
```

步骤 3：学习变量函数。如果变量后面紧跟着圆括号，PHP 将寻找与变量值同名的函数进行函数调用。下面 $a( )$ 将调用自定义的函数 fun_add( )，$b( )$ 将调用自定义的函数 fun_reduce( )，如图 4-26 所示。

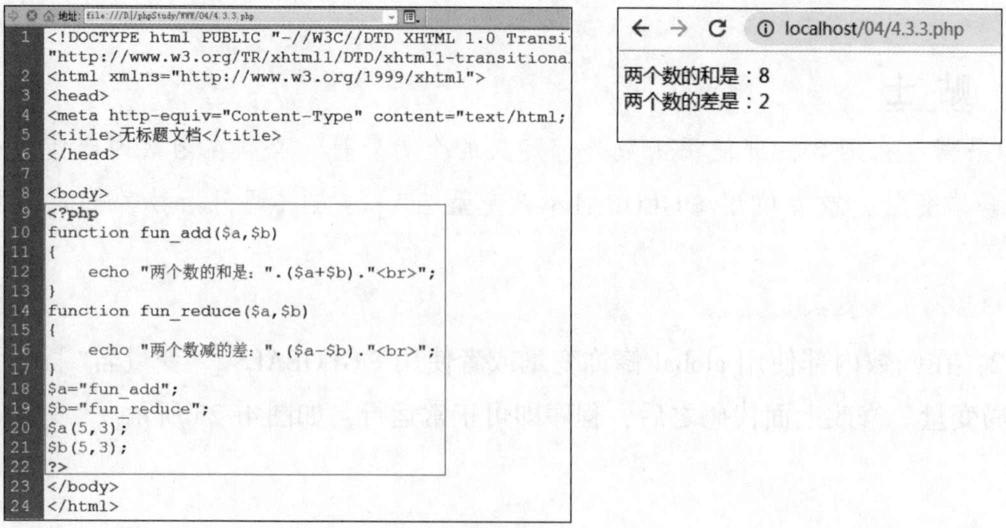

图 4-26

主要代码如下：

```php
<? php
function fun_add( $a, $b)
{
    echo"两个数的和是:".( $a+ $b)."<br>";
}
function fun_reduce( $a, $b)
{
    echo"两个数的差是:".( $a- $b)."<br>";
}
$a="fun_add";
$b="fun_reduce";
$a(5,3);
$b(5,3);
? >
```

小 贴 士

在程序编写过程中，使用变量函数可以提高程序的灵活性，但滥用变量函数会降低
PHP 程序代码的可读性，使程序逻辑难以理解，因此在编程过程中尽量少用变量函数。

步骤4：学习函数的嵌套调用。自定义一个函数 sum( ) 计算总和，再自定义一个函数 avg( )
求平均分，在 avg( ) 函数里面先调用 sum( ) 求得总和再算出平均值，如图 4-27 所示。

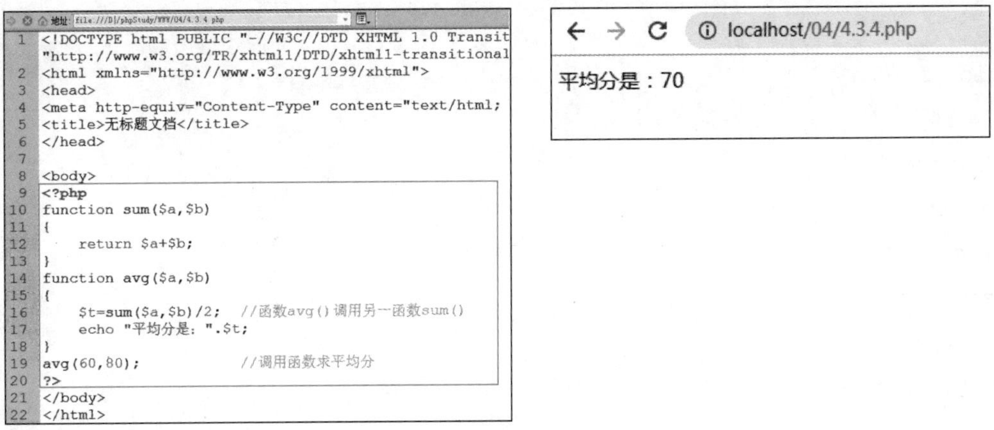

图 4-27

主要代码如下：

```php
<? php
function sum( $a, $b)
{
    return $a+ $b;
}
function avg( $a, $b)
```

```
    {
        $t=sum($a,$b)/2;            //函数 avg()调用另一函数 sum()
        echo"平均分是:".$t;
    }
    avg(60,80);                     //调用函数求平均分
?>
```

步骤 5：学习函数的递归调用。在函数的嵌套调用中，有一种特殊的嵌套调用，即在函数的内部调用自身，称为函数的递归调用。下面自定义一个函数 fn( )计算自然数 n 的阶乘(1×2×3×...×n)，如图 4-28 所示。

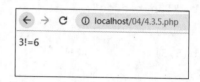

图 4-28

主要代码如下：

```
<? php
function fn($n)
{
    if($n==1)
    return 1;
    else
    return fn($n-1)*$n;
}
echo"3! =".fn(3);               //调用函数
? >
```

小 贴 士

在自定义递归函数时，要注意设置递归的条件和结束调用的条件，这样才能避免函数陷入无限递归的状态，即避免递归嵌套死循环。

【拓展训练】

1. 定义、使用全局变量与局部变量。在函数内部使用 global 修饰变量或者使用 $GLOBALS["变量名"]调用函数外部定义的全局变量 $pi，在函数内部也定义局部变量 $pai，如图 4-29 所示。

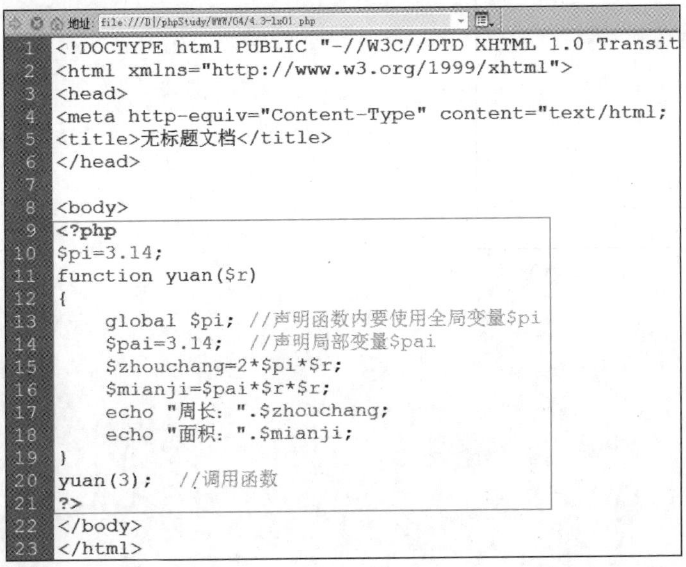

```
<!DOCTYPE html PUBLIC "-//W3C//DTD XHTML 1.0 Transit
<html xmlns="http://www.w3.org/1999/xhtml">
<head>
<meta http-equiv="Content-Type" content="text/html;
<title>无标题文档</title>
</head>

<body>
<?php
$pi=3.14;
function yuan($r)
{
    global $pi;  //声明函数内要使用全局变量$pi
    $pai=3.14;   //声明局部变量$pai
    $zhouchang=2*$pi*$r;
    $mianji=$pai*$r*$r;
    echo "周长: ".$zhouchang;
    echo "面积: ".$mianji;
}
yuan(3);    //调用函数
?>
</body>
</html>
```

周长：18.84面积：28.26

图 4-29

主要代码如下：

```php
<? php
$pi=3.14;
function yuan($r)
{
    global $pi;                      //声明函数内要使用全局变量$pi
    $pai=3.14;                       //声明局部变量$pai
    $zhouchang=2*$pi*$r;
    $mianji=$pai*$r*$r;
    echo"周长:".$zhouchang;
    echo"面积:".$mianji;
}
yuan(3);                            //调用函数
? >
```

2. 练习函数的嵌套调用与变量函数。自定义函数 fnB( )，在它的内部嵌套调用另外一个自定义函数 fnA( )。下面代码中 $tmp( )是变量函数，根据变量值会调用执行函数 fnB( )，如图 4-30 所示。

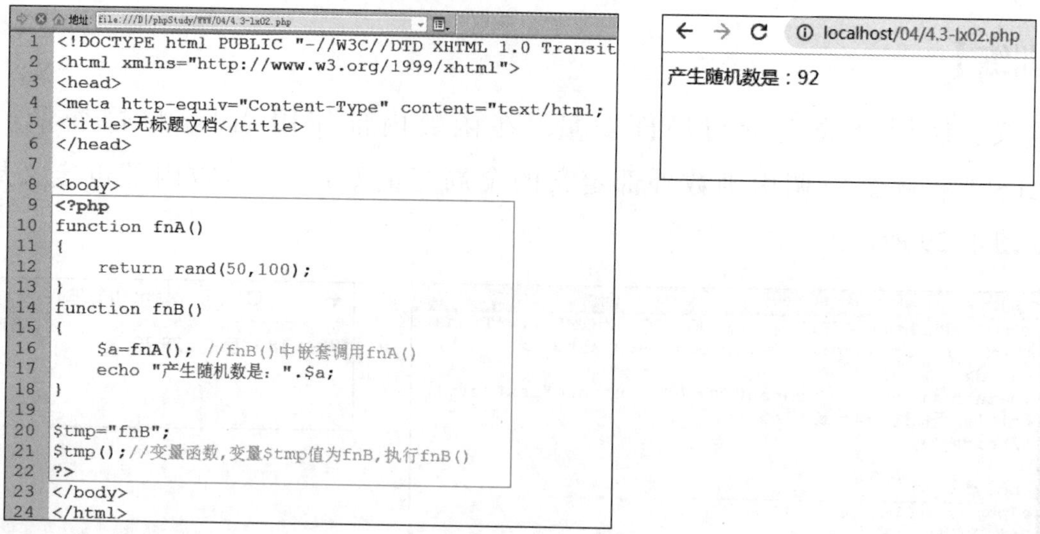

图 4-30

主要代码如下：

```php
<? php
function fnA()
{
    return rand(50,100);
}
function fnB()
{
    $a=fnA();                      //fnB()中嵌套调用 fnA()
    echo"产生随机数是:". $a;
}
$tmp="fnB";
$tmp();                           //变量函数,变量 $tmp 值为 fnB,执行 fnB()
? >
```

3. 练习递归函数的应用。编写一个递归函数 digui( )，要求使用这个递归函数能够计算 s＝1＋2＋…＋a(a 是随机自然数)的值，如图 4-31 所示。

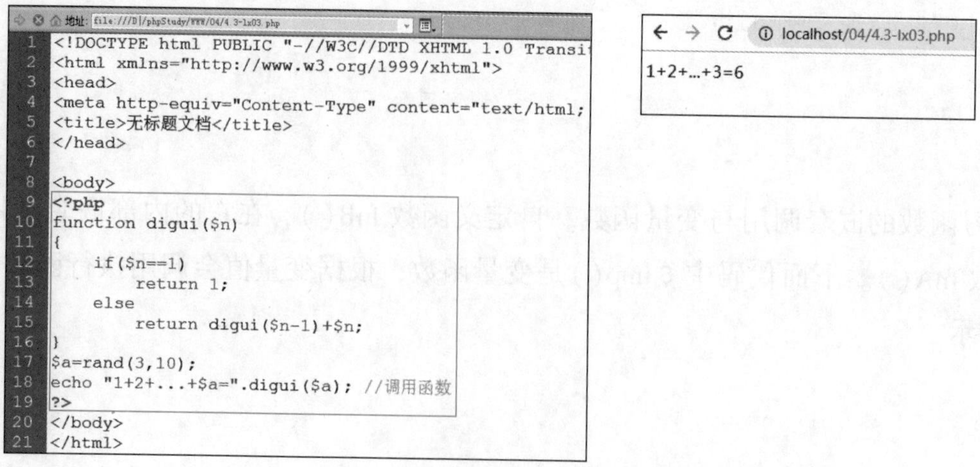

图 4-31

主要代码如下：

```php
<? php
function digui( $ n)
{
    if( $ n==1)
    return 1;
    else
    return digui( $ n-1)+ $ n;
}
 $ a=rand(3,10);
echo"1+2+...+ $ a=".digui( $ a);          //调用函数
? >
```

小 贴 士

计算 s=1+2+...+a(a是随机数)的值，这里使用函数递归调用方式实现，当然使用前面介绍的 for 语句、while 语句等循环语句也一样可以解决问题。

4. 掌握递归函数的应用。编写一个递归函数 fn_a( )，要求使用这个递归函数能够计算 s= 1/1+1/2+...+1/a(a是随机自然数)的值。

【课外作业】

1. 全局变量与局部变量作用域有什么不同？在函数内部怎么才能使用全局变量？

2. 什么是变量函数？

3. 什么是函数的嵌套调用？

4. 什么是函数的递归调用？

任务四 ▶ 文件包含引用函数

【任务描述】

在使用 PHP 制作网站、开发项目时，经常会碰到好几个页面都需要用到同样一段代码的情形，比如连接数据库后读取数据、网页头部、底部等，当需要做小改动(例如数据

操作视频

库密码修改，网页顶部图片修改、底部的联系方式修改等)时，每个页面都需要修改代码，这样需要做很多重复的工作，不利于维护和管理。为了解决这样的问题，PHP 提供文件引用方法，以实现将几个文件中都需要用到的同样的代码放在一个独立文件中，在需要用到这些代码的页面只要调用文件包含引用函数把文件包含进来，当代码有变动时只需要修改独立文件中的代码即可，而不需要修改每个文件。PHP 中常见的文件包含引用函数有 include( )、include_once( )、require_once( )、require( )等。本任务掌握使用文件包含引用函数，实现将另一个源文件的全部内容包含到当前源文件中，通过文件包含引用减少代码的重复性，以便维护管理。

【先导知识】

1. 文件引用，是指将另外一个源文件的全部内容包含到当前源文件进行使用，当某一段代码在几个源文件中都需要使用到时，可以把这段代码放在单独的一个文件中，在需要用这段相同代码的位置只需要把单独文件包含进来即可。

2. include( )函数。使用 include("文件名")语句，可以将外部文件引用进来并读取文件的内容。在执行一个 PHP 源文件过程中碰到该语句，就会把被引用的外部文件包含进来并执行。当所引用的外部文件发生错误或者被引用的外部文件不存在时，系统只会给出一个警告信息，然后继续往下执行 PHP 文件中的其他代码。

3. require( )函数。它与 include( )函数类似，实现对外部文件的引用。使用 require("文件名")语句，在 PHP 文件被执行之前，PHP 的解释器会将被引用的外部文件的全部内容替换放置在该语句出现的位置，并与该语句之外的其他语句组成新的 PHP 文件，再解释、执行新组成的 PHP 文件。

4. include( )函数与 require( )函数的异同点。它们都是可以实现文件包含引用的函数，但又有不同之处。

(1)require( )函数引用外部文件时，在程序开始执行前的解释阶段就会调用外部文件；而 include( )函数调用外部文件时，只有程序执行到包含该函数的语句时才会调用外部文件。

(2)require( )函数引用的外部文件不存在时会输出错误信息并立即终止脚本的执行；但 include( )函数引用的文件不存在时只会输出警告，不会终止脚本的执行。

5. 认识 include_once( )、require_once( )函数。

(1)include_once( )函数是 include( )函数的延伸。include_once( )函数引用外部文件之前，会先检查被引用的文件是否在此页面其他位置被引用过，如果已经被引用，那么就不会重复引用被引用的文件内容，程序只执行引用一次，从而避免重复加载文件。

(2)require_once( )函数是 require( )函数的延伸。它的功能与 require( )函数基本类似，只是 require_once( )函数引用被包含的外部文件时会先检查被引用的文件是否在此页面其他位置被引用过，如果已经被引用，那么就不会重复引用被引用的文件内容，第二次引用的文件不会被执行。

【任务实现】

步骤1：新建一个PHP文件并命名为4.4.1.php作为被引用文件，在这个文件中放置将被多次重复使用的代码，如图4-32所示。

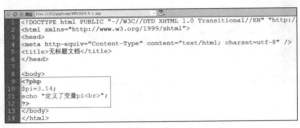

图4-32

主要代码如下：

```
<? php
$pi=3.14;
echo"定义了变量pi<br>";
? >
```

步骤2：新建一个PHP文件并命名为4.4.2.php，在这个文件中通过include( )函数引用包含4.4.1.php文件的内容，如图4-33所示。

主要代码如下：

```
<? php
include("4.4.1.php");                    //把外部文件包含进来
echo"pi=". $pi;
? >
```

小 贴 士

此处使用include( )函数引用包含文件，当然使用require( )函数、include_once( )函数、require_once( )函数也可起到同样的作用。

步骤3：保存程序，接着查看、分析程序运行结果，如图4-34所示。

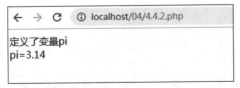

图4-33

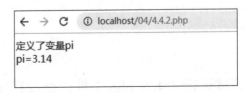

图4-34

【拓展训练】

1. 新建两个PHP文件，让其中一个文件包含引用另外一个PHP文件，具体要求如下：

（1）新建一个 PHP 文件并命名为 4.4.3.php，在这个文件中定义一个函数 fn_he()，要求这个函数能够计算两个数的和，如图 4-35 所示。

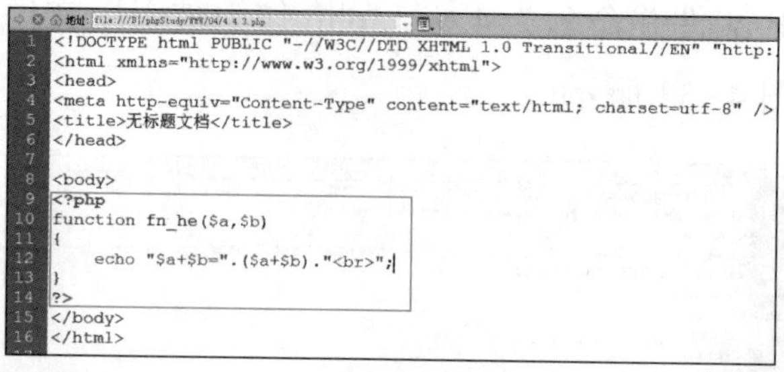

图 4-35

主要代码如下：

```php
<? php
function fn_he( $a, $b)
{
    echo" $a+ $b=". ( $a+ $b). "<br>";
}
? >
```

（2）新建一个 PHP 文件并命名为 4.4.4.php，在这个文件中引用包含 4.4.3.php，主要调用函数 fn_he()解决问题，如图 4-36 所示。

图 4-36

主要代码如下：

```php
<? php
include("4.4.3.php");               //把外部文件包含进来
//include("4.4.3.php");             //把外部文件包含进来
include_once("4.4.3.php");          //把外部文件包含进来
fn_he(10,20);
fn_he(30,60);
? >
```

（3）调试运行 4.4.4.php 文件，查看程序运行结果，如图 4-37 所示。

2. 接着在拓展训练 1 中尝试使用两次 include（"4.4.3.php"）、两次 require（"4.4.3.php"）、两次

图 4-37

include_once("4. 4. 3. php")引用包含文件，分别查看程序运行结果。

【课外作业】

1. 什么是文件引用？
2. 常见文件包含引用函数有哪些？它们有什么异同点？

【单元小结】

本单元主要学习了如何调用系统内置函数解决问题，还学习了如何自定函数以及调用执行自定义函数。

UNIT 5

单元 ⑤

使用数组与处理字符串

学习目标

- 掌握数组变量的定义
- 学会动态创建数组
- 掌握数组变量求长度、数组排序、数组列表、字符串列表等相关函数应用
- 掌握数组遍历、数组元素合并、数组元素调用、运用数组进行运算等技能

【知识导引】

本单元从数组的定义开始，讲解若干个数组应用的案例。

数组是一个能在单个变量中存储多个值的特殊变量。

（1）定义数组变量，在 PHP 中，array（）函数用于创建数组。

例：

```
<? php
$list=array("小明","小红","大明");
? >
```

$list 是数组变量，其中 $list[0]的值是"小明"，$list[1]的值是"小红"，$list[2]的值是"大明"。

（2）获取数组的长度，count（）函数用于返回数组的长度（元素的数量）。

例：

```
<? php
$list=array("小明","小红","大明");
echo count($list);
? >
```

上述代码输出3，表示数组变量 $list 的元素数量为3。

（3）遍历数组。

```
$list=array("小明","小红","大明");
$length= count($list);
for($i=0; $i<$length; $i++){
    echo $list[$i];
}
```

上述代码输出数组变量 $list 各元素的值。

任务一 ▶ 定义数组存储需要的数据

【任务描述】

用一个数组变量存储多个学生的姓名，用另一个数组变量存储每个人的成绩，按序号列

出所有人的姓名和成绩。

【先导知识】

定义数组变量，在 PHP 中，array( ) 函数用于创建数组。

$student=array("小红","小明","大明","大雄");/*使用 array() 函数定义数组变量 $student，初始化数组元素 $student[0]="小红"、$student[1]="小明"、$student[2]="大明"、$student[3]="大雄"。*/

$score=array(90,96,98,100);/*使用 array() 函数定义数组变量 $score，初始化数组元素 $score[0]=90、$score[1]=96、$score[2]=98、$score[3]=100。*/

$tlength=count($student);/*获取数组变量 $student 的长度(元素个数)并赋值给变量 $tlength。*/

for($i=0; $i<$tlength; $i++){}/*循环的范围受变量 $i 影响，当 $tlength 值为 4，循环时 $i=0 到 $i=3，共循环 4 次。*/

【任务实现】

步骤1：定义数组变量 $student 存储学生姓名，定义数组变量 $score 存储成绩，求出 $student 的长度，如图 5-1 所示。

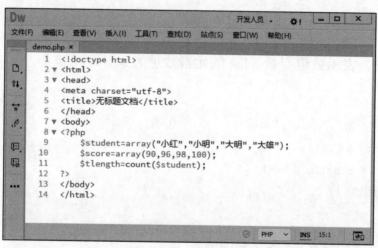

图 5-1

主要代码如下：

```php
<? php
$student=array("小红","小明","大明","大雄");
$score=array(90,96,98,100);
$tlength=count($student);
? >
```

$student=array("小红","小明","大明","大雄"); /*使用array()函数创建数组变量
$student。用count($student)可获取数组变量$student的长度。*/

步骤2：使用for循环语句对数组变量$student进行遍历，输出序号，如图5-2所示。
主要代码如下：

```
for($i=0;$i<$tlength;$i++){
    echo($i+1)."号";
    echo"<br>";
}
```

数组变量$student的第一个元素是$student[0]。

步骤3：输出序号的结果如图5-3所示。

图5-2   图5-3

步骤4：在序号后输出姓名和成绩，如图5-4所示。
主要代码如下：

```
for($i=0;$i<$tlength;$i++){
    echo($i+1)."号".$student[$i].":".$score[$i];
    echo"<br>";
}
```

步骤5：最终输出结果如图5-5所示。

图 5-4   图 5-5

 【拓展训练】

1. 完成所有人的姓名和成绩输出，再求出最高分的分数和最高分获得者的姓名，如图 5-6 所示。

实现思路如下：

定义数组变量 $student 存储学生姓名，定义数组变量 $score 存储成绩，求出 $student 的长度，用 for 循环语句遍历数组，求出数组变量 $score 中最大的数值赋给变量 $max，同时把对应的数组变量 $student 中的学生姓名赋给变量 $whomax，如图 5-7 所示。

图 5-6   图 5-7

主要代码如下：

```php
<? php
$student=array("小红","小明","大明","大雄");
$score=array(90,96,98,100);
$tlength=count($student);
$max=0;
$whomax="";
for($i=0;$i<$tlength;$i++){
```

```php
    echo($i+1)."号".$student[$i].":".$score[$i];
    echo"<br>";
    if($score[$i]>$max){
        $max=$score[$i];
        $whomax=$student[$i];
    }
}
echo"请求出最高分<br>";
echo"最高分".$max."<br>";
echo"最高分获得者:".$whomax."<br>";
?>
```

2. 完成所有人的姓名和成绩输出，再求出所有人的总分和平均分，如图 5-8 所示。

实现思路如下：

定义数组变量 $student 存储学生姓名，定义数组变量 $score 存储成绩，求出 $student 的长度，用 for 循环语句遍历数组，显示每个人的序号、姓名和成绩，同时用 $total += $score[$i] 命令把成绩的值累加赋给变量 $total，最后显示总分 $total 和平均分，如图 5-9 所示。

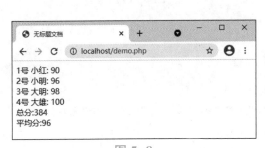

图 5-8

图 5-9

主要代码如下：

```php
<? php
$student=array("小红","小明","大明","大雄");
$score=array(90,96,98,100);
$tlength=count($student);
$total=0;
for($i=0;$i<$tlength;$i++){
    echo($i+1)."号".$student[$i].":".$score[$i];
    echo"<br>";
    $total+=$score[$i];
}
```

```
echo"总分:". $total."<br>";
echo"平均分:".($total/$tlength)."<br>";
?>
```

3. 用数组变量存储多个学生姓名,用另一个数组变量存储每个人的身份信息,按序号列出所有人的姓名和身份信息,如图 5-10 所示。

实现思路如下:

定义数组变量 $student 存储学生姓名,定义数组变量 $status 存储学生身份信息,用 for 循环语句遍历数组 $student,显示学生姓名 $student[$i] 和学生身份信息 $status[$student [$i]],如图 5-11 所示。

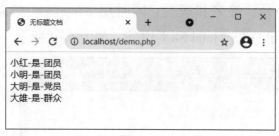

图 5-10

图 5-11

主要代码如下:

```
<? php
$student=array("小红","小明","大明","大雄");
$status=array("小明"=>"团员","大雄"=>"群众","小红"=>"团员","大明"=>"党员");
$tlength=count($student);
for($i=0; $i<$tlength; $i++){
    echo $student[$i]."-是-". $status[$student[$i]];
    echo"<br>";
}
?>
```

4. 用一个关联数组变量存储多个学生姓名和身份信息,按序号列出所有人的姓名和身份信息,如图 5-12 所示。

实现思路如下:

定义数组变量 $status 存储学生身份信息,用 foreach($status as $x=>$x_value)语句遍历数组 $status,显示学生姓名 $x 和学生身份 $x_value,如图 5-13 所示。

图 5-12　　　　　　　　　　　　　　　　图 5-13

主要代码如下：

```php
<? php
$status=array("小明"=>"团员","大雄"=>"群众","小红"=>"团员","大明"=>"党员");
foreach($status as $x=>$x_value){
    echo"姓名:".$x.",身份是:".$x_value;
    echo"<br>";
}
? >
```

【课外作业】

1. 什么是数组？
2. 获取数组长度的函数是什么？
3. 在 PHP 中，有哪 3 种数组类型？

任务二　根据需要动态创建数组

【任务描述】

听说过斐波那契数列吗？斐波那契数列又称黄金分割数列，数列的第一项是 0，第二项是 1，第三项是 1（即第一项和第二项的和），从第三项开始，数列每一项都是前两项之和，现已知第一项和第二项，请用 PHP 代码通过计算列出该数列的前 10 项，如图 5-14 所示。

操作视频

 【先导知识】

定义数组变量时，如果事先对数组的长度不确定，可以动态创建数组。

```
$arr[] = 0;          //数组变量$arr没有写下标,赋值执行后,数组增加一个元素
```

 【任务实现】

步骤1：用$arr[ ]=0直接给未定义的数组变量$arr[ ]赋值0，用$arr[ ]=1直接给未定义的数组变量$arr[ ]赋值1，创建数组后，输出数组$arr的前两个元素$arr[0]和$arr[1]，如图5-15所示。

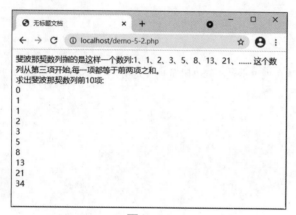

图 5-14

图 5-15

主要代码如下：

```php
<? php
    $arr[] = 0;
    $arr[] = 1;
    echo $arr[0]."<br>";
    echo $arr[1]."<br>";
? >
```

小 贴 士

执行$arr[ ]=0，数组添加1个元素，则数组变量的长度增加1。

步骤2：for循环8次，根据前两项之和产生新项的要求，产生8个数字，依次赋值给数组$arr[ ]，如图5-16所示。

> **小 贴 士**
>
> 执行 echo ＄arr[ ]=＄arr[＄i]+＄arr[＄i+1]，在数组＄arr[ ]的最后添加一个元素，元素值是＄arr[＄i]+＄arr[＄i+1]的和，最后输出的是＄arr[ ]最后一个元素的值。

【拓展训练】

1. 随机生成若干个 10 以内的数，并把这些数累加，当这些数累加的和大于或等于 30 时，则停止执行。输出所有随机生成的数与累加的和，并统计个数，如图 5-17 所示。

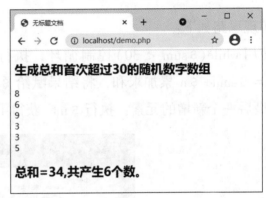

图 5-16   图 5-17

实现思路如下：

使用 while(＄sum<30)控制循环次数，执行＄r=rand(1，10)产生的随机数并赋给变量＄r，执行＄arr[ ]=＄r 把变量＄r 的值赋给数组＄arr 最后一个新增的元素，执行＄sum+=＄r 把随机数累加到变量＄sum，如图 5-18 所示。

主要代码如下：

```php
<? php
    $sum=0;
    while($sum<30){
        $r=rand(1,10);
        $arr[]=$r;
        $sum+=$r;
        echo $r."<br>";
    }
    echo"<h2>总和=".$sum.",共产生".count($arr)."个数。</h2>";
? >
```

2. 计算 1+2+3+…，这些数加到哪一步，累加的和大于或等于 30？列出每一步执行的过程，最后列出每一步的和，如图 5-19 所示。

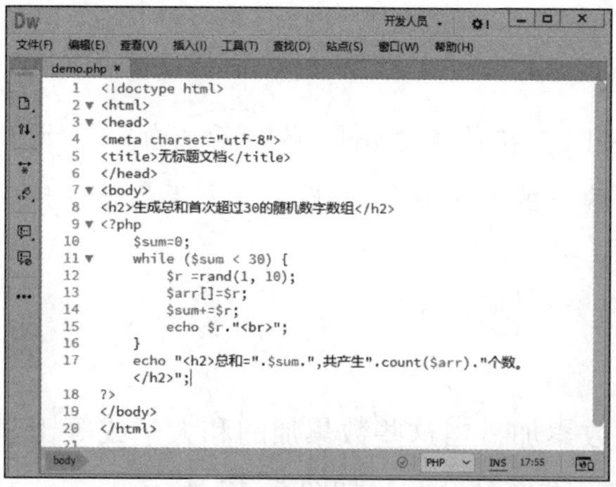

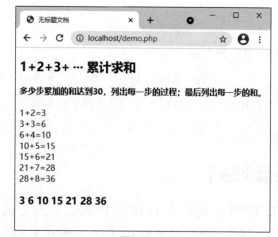

图 5-18

图 5-19

实现思路如下：

使用 while($sum < 30)控制循环，执行 echo $sum."+".$n."=" 显示表达式；执行 $sum=$sum+$n 累加求和，将结果赋给 $sum；执行 $arr[]=$sum 把 $sum 值赋给数组 $arr 最后一个新增的元素；执行 $n++获得下一个数，如图 5-20 所示。

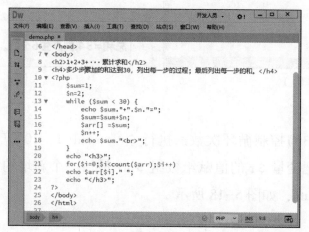

图 5-20

主要代码如下：

```php
<? php
    $ sum=1;
    $ n=2;
    while( $ sum < 30){
        echo $ sum. "+". $ n. "=";
        $ sum= $ sum+ $ n;
        $ arr[] = $ sum;
        $ n++;
        echo $ sum. "<br>";
    }
    echo"<h3>";
    for( $ i=0; $ i<count( $ arr); $ i++)
```

```
    echo $arr[$i]."";
    echo"</h3>";
?>
```

【课外作业】

1. 数组 $arr 未被定义过，执行以下代码：

```
$arr[]= 10;
$arr[]= 12;
```

执行代码后，$arr 数组的长度是多少？$arr[0] 的值为多少？$arr[1] 的值为多少？

2. 写出执行 rand(1,10)可能产生的数字。

任务三 ▶ 查找数组中的元素

【任务描述】

操作视频

随机产生 10 个数，用数组存储并求出最大的数，如图 5-21 所示。

图 5-21

【先导知识】

1. rand( ) 函数。

例如：

rand(1,10)可以生成一个介于 1 和 10 之间(包括 1 和 10)的随机整数。

rand(10,100)可以生成一个介于 10 和 100 之间(包括 10 和 100)的随机整数。

2. 数组元素的增加。

```
$num=0;
while($num < 10){//while控制循环10次
    $r[]=rand(1,50);//生成一个介于1和50之间的随机整数
    $num++;//$num增加1
}
```

3. 遍历数组。

```
for($i=0;$i<count($r);$i++){//count($r)为数组长度
    echo $r[$i];//输出数组元素,下标为变量$i;$i取值不得超过数组长度
}
```

【任务实现】

步骤1：用while循环语句产生10个100以内的随机数，数字存储在数组变量$r中，如图5-22所示。

小 贴 士

rand(1,100)的作用是随机产生一个1至100之间(包括1和100)的数。

步骤2：用for循环语句遍历数组$r，查找值最大的元素，如图5-23所示。

图 5-22   图 5-23

【拓展训练】

1. 随机产生10个数，求出这些数中大于10的数有多少个，如图5-24所示。

实现思路如下：

执行while($num<10){}控制循环执行$r[]=rand(1,50)产生10个随机数；执行for($i=0;$i<count($r);$i++){}遍历数组$r，求出大于10的数存储于数组$ma[]，如图

5-25 所示。

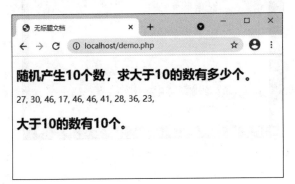

图 5-24

图 5-25

主要代码如下：

```php
<? php
    $num=0;
    while($num<10){
        $r[]=rand(1,50);
        $num++;
    }
    $sum=0;
    for($i=0;$i<count($r);$i++){
        echo $r[$i].",";
        if($r[$i]>10){
            $ma[] = $r[$i];
        }
    }
    echo"<h2>大于10的数有".count($ma)."个。</h2>";
?>
```

2. 随机产生 10 个数，找出这些数中的偶数，输出偶数个数并列出所有偶数，如图 5-26 所示。

实现思路如下：

使用 while($num<10){} 循环语句执行 $r[]=rand(1，50)产生 10 个随机数；执行 for ($i=0；$i<count($r)；$i++){} 遍历数组 $r，求数组的元素满足偶数条件的个数并存储于数组 $ma[]中，输出数组 $ma[]的长度即偶数的个数，最后输出 $ma 的所有元素，如图 5-27 所示。

👤 小 贴 士

在调用 $r[$i]时，必须确保 $i 的取值不能大于或等于数组变量 $r 的长度。

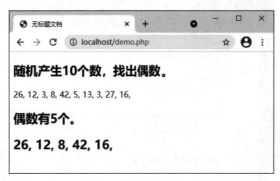

图 5-26

图 5-27

主要代码如下：

```php
<? php
    $num=0;
    while($num<10){
        $r[]=rand(1,50);
        $num++;
    }
    $sum=0;
    for($i=0;$i<count($r);$i++){
        echo $r[$i].",";
        if($r[$i]%2==0){
            $ma[]=$r[$i];
        }
    }
    echo"<h2>偶数有".count($ma)."个。</h2>";
    echo"<h2>";
    for($i=0;$i<count($ma);$i++){
        echo $ma[$i].",";
    }
    echo"</h2>";
?>
```

【课外作业】

1. 语句 if($r[$i]%2==0)的作用是什么？判断 $r[$i]是否为偶数。

2. 有以下循环语句：

```php
$num=0;
    while($num<10){
        ...
    }
```

若…处可以写任何语句，此循环语句至少执行多少次？

任务四 ▶ 数组在数据排序与统计

【任务描述】

随机产生6个数，以升序和降序排列，如图5-28所示。

操作视频

【先导知识】

1. 升序排列函数 sort( )。

> sort($str);/*对数组$str进行升序排列。当数组$str元素为数值类型时，按数值从小到大排序；当数组$str元素为字符类型时，按照字母升序排序。*/

2. 降序排列函数 rsort( )。

> rsort($str);/*对数组$str进行降序排列。当数组元素为数值类型时，按数值从大到小排序；当数组元素为字符类型时，按照字母降序排序。*/

【任务实现】

步骤1：用while循环语句控制产生6个50以内的随机数，数字存储在数组变量$r中，使用for循环语句输出数组的的每一个元素，如图5-29所示。

步骤2：用sort( )函数对数组$r进行升序排列，排序后使用for循环语句输出数组的每一个元素；用rsort( )函数对数组$r进行降序排列，排序后使用for循环语句输出数组每一个元素，如图5-30所示。

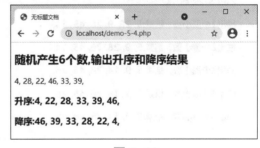

图 5-28

👨‍🏫 **小 贴 士**

sort( )函数对数组进行升序排列。

rsort( )函数对数组进行降序排列。

图 5-29

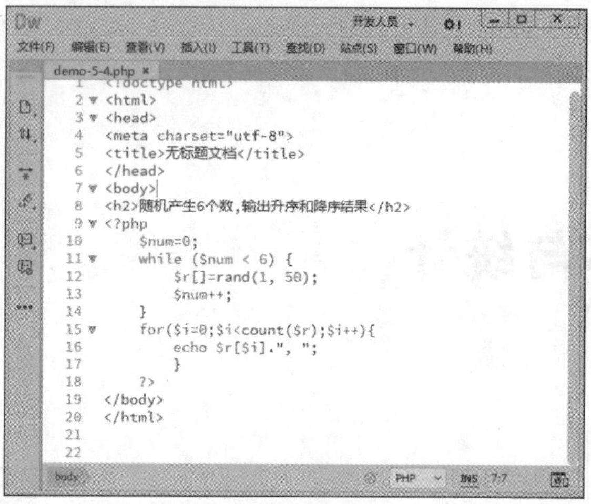

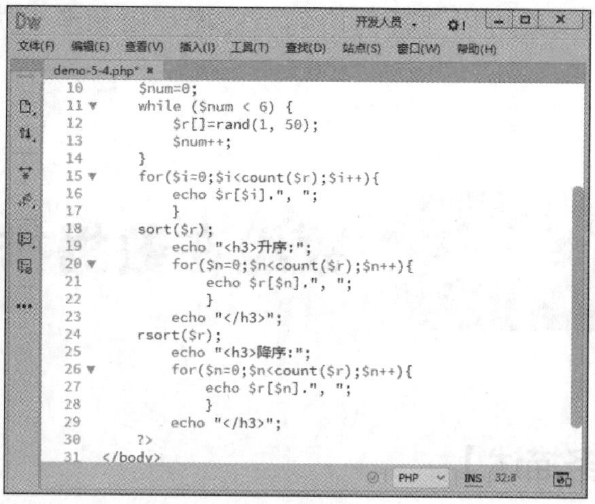

图 5-30

【拓展训练】

1. 随机产生 6 个数，采用一种方法，每次从数组中抽取最小的数排在最前面，并显示实现的过程，如图 5-31 所示。

实现思路如下：

第 11 至第 14 行代码产生 6 个随机数，存储于数组 $r 中，第 15 至第 17 行代码输出数组 $r，第 18 至 26 行代码实现获取最小数存储于数组前列，第 28 至第 30 行代码输出数组元素，如图 5-32 所示。

图 5-31

图 5-32

主要代码如下：

```php
<? php
    $ num=0;
    while( $ num < 6){
        $ r[]=rand(1,50);
        $ num++;
    }
```

```php
    for($i=0;$i<count($r);$i++){
        echo $r[$i].",";
    }
    for($i=0;$i<count($r)-1;$i++){
        $temp=$r[$i];
        for($j=$i;$j<count($r);$j++){
            if($temp>$r[$j]){
                $temp=$r[$j];
                $r[$j]=$r[$i];
                $r[$i]=$temp;
            }
        }
        echo"<h3>抽出".($i+1)."个最小数,结果:";
        for($n=0;$n<count($r);$n++){
            echo $r[$n].",";
        }
        echo"</h3>";
    }
?>
```

2. 用数组记录姓名和票数,求出票数最多的人,显示其所得票数并统计其所得票数占总票数的百分比,如图 5-33 所示。

实现思路如下:

第 10 行代码定义数组变量 $poll;第 11 行代码获取数组变量 $poll 的长度 $sum;第 14 至第 21 行代码,for 循环遍历数组 $poll,获取票数最多的人名 $name 和最多票数值 $hi;第 23 至第 25 行代码输出结果,如图 5-34 所示。

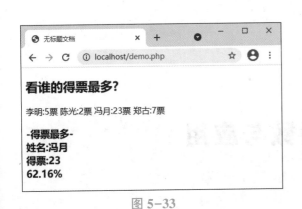

图 5-33

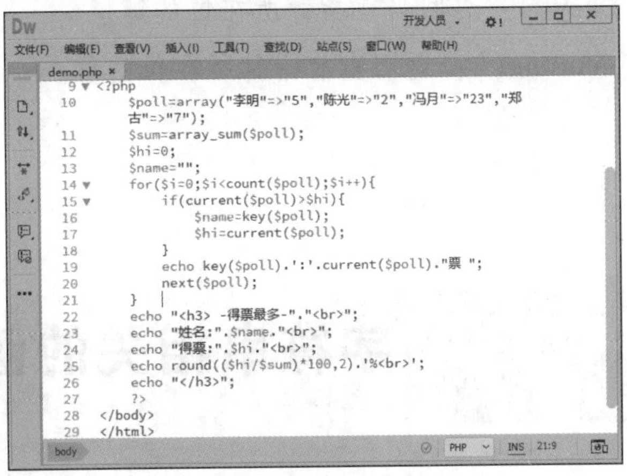

图 5-34

主要代码如下:

```php
<? php
    $poll=array("李明"=>"5","陈光"=>"2","冯月"=>"23","郑古"=>"7");
```

```php
$sum=array_sum($poll);
$hi=0;
$name="";
for($i=0;$i<count($poll);$i++){
    if(current($poll)>$hi){
        $name=key($poll);
        $hi=current($poll);
    }
    echo key($poll).':'.current($poll)."票";
    next($poll);
}
echo"<h3> -得票最多-"."<br>";
echo"姓名:".$name."<br>";
echo"得票:".$hi."<br>";
echo round(($hi/$sum)*100,2).'% <br>';
echo"</h3>";
?>
```

 小 贴 士

使用数组指针函数可以遍历数组，具体如下。

next()：将数组指针后移一位并返回后一位的值，没有后一位则返回 false。

prev()：将数组指针前移一位并返回前一位的值，没有前一位则返回 false。

end()：将数组指针移至最后一位并返回最后一位的值，空数组则返回 false。

reset()：将数组指针恢复到第一位并返回第一位的值，空数组则返回 false。

key()：返回当前指针所在位的键。

current()：返回当前指针所在位的值。

任务五 ▶ 字符串相关的函数与应用

【任务描述】

与字符串处理相关的函数有许多，熟练应用这些具有特定功能的函数，能提高编程的效率。本任务用到的函数包括 ucwords()、strtoupper()、strlen()、str_word_count()，请试着验证这些函数在程序中的功能是否正确，如图 5-35 所示。

图 5-35

【先导知识】

操作视频

1. ucwords( ) 函数。

ucwords( ) 函数把每个单词的首字符转换为大写。

例：

```
echo ucwords("hello world");                //输出的结果为 Hello World
```

2. strtoupper( ) 函数。

strtoupper( ) 函数把所有字符转换为大写。

例：

```
echo strtoupper("hello world");             //输出的结果为 HELLO WORLD
```

3. strlen( ) 函数。

strlen( ) 函数返回字符串的长度。

例：

```
strlen("ABC")//返回字符串 ABC 的长度,长度是字母的个数 3
strlen($str)//返回变量 $str 的字符长度
```

4. str_word_count( ) 函数。

例：

```
$st=str_word_count("hello world")//返回字符串 hello world 的单词个数,$st 值为 2
$st=str_word_count("hello world",1)/*返回字符串 hello world 的单词的数组,$st[0]值为
hello,$st[1]值为 world*/
```

【任务实现】

步骤 1：用变量 $str 存储字符串，用 ucwords($str) 函数把字符串中的单词首个字符变为
大写，用 strtoupper($str) 函数把字符串所有字符变为大写，如图 5-36 所示。

步骤 2：用 strlen($str) 函数求出字符串的长度，用 str_word_count($str) 函数求出字符串

的单词个数，如图 5-37 所示。

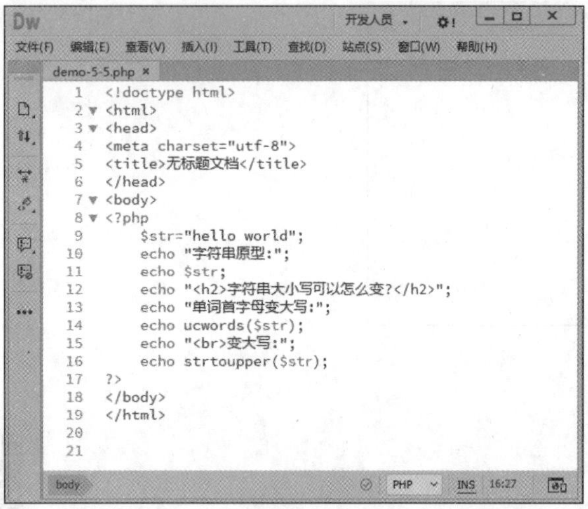

图 5-36

图 5-37

小 贴 士

strlen( ) 函数返回字符串的长度。

str_word_count($str) 返回字符串 $str 的单词个数。

str_word_count($str, 1) 返回字符串 $str 的单词的数组。

【拓展训练】

1. 检查字符串是否包含指定的子字符串，若包含指定子字符串，请统计子字符串的个数，如图 5-38 所示。

实现思路如下：

第 9 行代码定义数组变量 $str；第 13 行代码获取数组变量 $str 包含子字符串 Tom 的个数，并将个数赋给变量 $nums；第 14 至第 21 行代码根据 $nums 的值输出结果，如图 5-39 所示。

图 5-38

图 5-39

```
substr_count($str, 'Tom'); //检查字符串变量$str中存在多少个子字符串Tom
```

主要代码如下：

```php
<? php
    $str="Hello Tom,Tom is a boy,his name is Tom!";
    echo"字符串原型:";
    echo $str;
    echo"<h2>字符串中有子字符串Tom吗？</h2>";
    $nums=substr_count($str,'Tom');
    if($nums>=1)
    {
        echo"有";
    }
    else
    {
        echo"没有";
    }
    echo"<h2>字符串中有多少个Tom？</h2>";
    echo substr_count($str,'Tom');
? >
```

2. 字符串中有一个人名要替换成另一个人名，如图5-40所示。

实现思路如下：

第10行代码定义数组变量$str；第12行代码输出数组变量$str；第14行代码把字符串中的子字符串Tom替换为Jack，并输出替换后的结果，如图5-41所示。

图 5-40

图 5-41

主要代码如下：

```php
<? php
```

```
echo"<h2>替换字符串中的文本</h2>";
 $str="Hello Tom,Tom is a boy,his name is Tom!";
echo"字符串原型:<br>";
echo $str;
echo"<h2>请把句中的 Tom 改为 Jack</h2>";
echo str_replace("Tom","Jack", $str);
?>
```

小 贴 士

str_replace("Tom","Jack", $str); //把字符串变量 $str 中的 Tom 替换为 Jack

任务六 字符串列表应用

【任务描述】

请演示把字符串"one,two,tree,four"中的单词提取到数组变量，如图 5-42 所示。

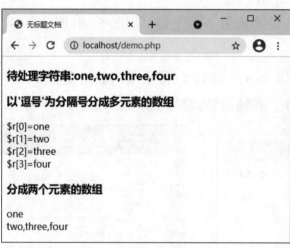

图 5-42

【先导知识】

1. list( ) 函数。

list( ) 函数用于在一次操作中给一组变量赋值。

例:

```
$st=array("hello","world");
list($a,$b)=$st;//数组$st的0号元素赋值给$a,$st的1号元素赋值给$b
echo $a;//结果是hello
echo $b;//结果是world
```

由于$st只有两个元素，执行"list($a,$b,$c)=$st;"就会出错。

2. explode()函数。

explode()函数使用一个字符串分割另一个字符串，并返回由字符串组成的数组。

例：

```
$date="04/30/1973";
$r=explode('/',$date);
```

执行后，$r[0]$的值是"04"，$r[1]$的值是"30"，$r[2]$的值是"1973"。

【任务实现】

步骤1：定义变量$str，初始化为' one,two,three,four'，用explode(',',$str)以逗号为分隔符把字符串中的单词分开并赋给数组变量$r，输出数组变量各元素的值，如图5-43所示。

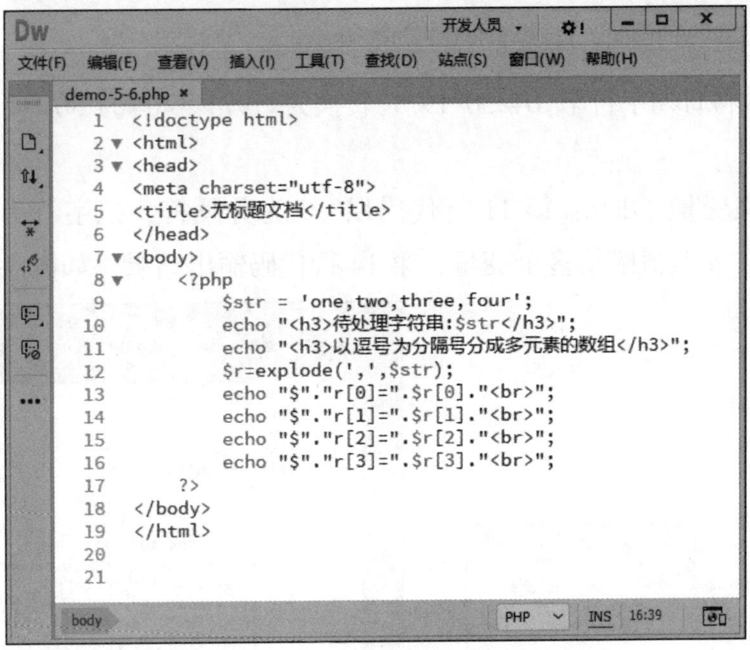

图5-43

步骤2：运行网页，能看到输出数组变量各元素的值，如图5-44所示。

步骤3：添加代码，用explode(',',$str,2)把字符串$str以逗号为分隔符分成两部分，并将获得的两个字符串赋给数组变量$r，输出数组变量各元素的值，如图5-45所示。

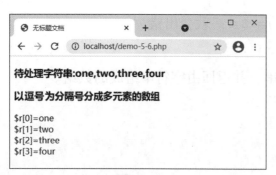

图 5-44

图 5-45

小 贴 士

explode( )函数使用一个字符串分割另一个字符串，并返回由字符串组成的数组。

【拓展训练】

1. 用 list( )函数将日期字符串"04/30/1974"转换为"1974 年 04 月 30 日"，如图 5-46 所示。
实现思路如下：

第 9 行代码定义变量 $date；第 11 行代码以"/"为分隔符，把字符串拆分到数组 $r 中；第 12 行代码把 $r 各元素值赋给多个变量；第 14 行代码输出结果，如图 5-47 所示。

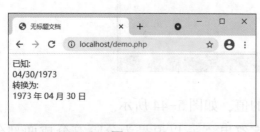

图 5-46

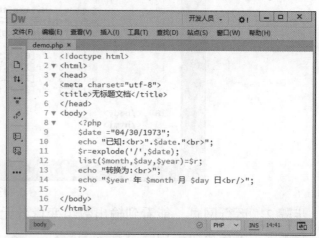

图 5-47

小 贴 士

list( )函数用于在一次操作中给一组变量赋值。

— 148 —

主要代码如下:

```php
<? php
    $date ="04/30/1973";
    echo"已知:<br>". $date. "<br>";
    $r=explode('/', $date);
    list( $month, $day, $year) = $r;
    echo"转换为:<br>";
    echo" $year 年 $month 月 $day 日<br/>";
? >
```

2. 有一个表示域名的字符串,域名中间的内容被写乱了,请把域名中间的内容都更改为 runoob。处理效果如图 5-48 所示。

实现思路如下:

第 9 行代码定义数组变量 $www;第 12 行代码以","为分隔符,把字符串拆分到数组 $r 中;第 13 至第 21 行代码遍历数组 $r,第 16 行至 19 行代码输出结果,如图 5-49 所示。

图 5-48

图 5-49

主要代码如下:

```php
<? php
    $www ="www. sunoob. cn,www. snuoob. com,www. snnoob. gov,www. suuoob. edu";
    echo $www;
        echo"<h3>请把域名中间的内容都改为 runoob</h3>";
    $r=explode(",", $www);
    for( $i=0; $i<count( $r); $i++){
        $temp=explode('.', $r[ $i]);
        $temp[1] ='runoob';
        if( $i<count( $r)-1){
```

```
            echo $temp[0].".".$temp[1].".".$temp[2].",";
        }else{
            echo $temp[0].".".$temp[1].".".$temp[2];
        }
    }
? >
```

【单元小结】

　　本单元要求掌握数组变量的定义、动态创建数组的方法，掌握数组变量求长度、数组排序、数组列表、字符串列表等相关函数应用，并能熟练应用数组遍历、数组元素合并、数组元素调用、数组元素运算等技能。通过本单元案例还学习了 sort( )、rsort( ) 等排序函数，ucwords( )、strtoupper( )、strlen( )、str_word_count( ) 等字符串处理函数；学习了把数组变量的值赋给另一组变量的 list( ) 函数、把字符串打散为数组的 explode( ) 函数等在字符串与数组中的应用。

UNIT 6

单元 ⑥

掌握页面跳转与表单数据传递

学习目标

- 掌握页面跳转的几种常用方法
- 掌握表单数据的提交方式
- 掌握获取表单数据的方法
- 掌握服务器端获取数据的其他方法
- 掌握文件的上传

PHP 页面跳转实现的功能就是从网站中一个网页跳转到另一个网页中。对于刚刚学习 PHP 语言的学生来说，页面跳转是必须掌握的基础技能。页面跳转可能是由用户单击链接、按钮等触发的，也可能是系统自动产生的。页面自动跳转在 Web 开发中经常用到，而且根据需求可以采用不同的跳转方式，比如提示操作信息后延时跳转等。

PHP 与 Web 页面交互是实现 PHP 网站与用户交互的重要手段。PHP 提供了两种与 Web 页面交互的方法，一种是通过 Web 表单提交数据，另一种是通过 URL 参数传递。

任务一　　页面跳转的几种常见方法实现

【任务描述】

在网站建设中，我们需要从一个页面跳转到另一个页面来实现某个功能或者效果。

操作视频

【先导知识】

1. header( ) 函数。header( ) 函数的主要功能是将 HTTP 标头(header)输出到浏览器。

语法：

```
void header (string $ string [,bool $ replace = true [,int $ http_response_code ]])
```

可选参数 replace 指明是替换前一条类似标头还是添加一条相同类型的标头，默认为替换。第二个可选参数 http_response_code 强制将 HTTP 相应代码设为指定值。

注意：

(1)在使用 header( ) 函数前不能有任何的输出。

(2)header( ) 函数后的 PHP 代码还会被执行。

2. Meta 标签。

Meta 标签是 HTML 中负责提供文档元信息的标签。在 PHP 程序中使用该标签，也可以实现页面跳转。若定义 http-equiv 为 refresh，则打开该页面时将根据 CONTENT 规定的值在一定时间内跳转到相应页面。若设置 CONTENT = "秒数;url = 网址"，则定义了经过多长时间后页面跳转到指定的网址。

3. PHP 嵌入 JavaScript 脚本跳转页面。

JavaScript 和 PHP 可以相互嵌套，前提是 JavaScript 写在以 . php 为扩展名的文件里面。JavaScript 编写网页跳转方法之一是使用 window. location. href 方式进行跳转。使用该方式可以直接跳转指定页面。

【任务实现】

方式 1：直接跳转。

创建 a. php 文件，利用 header( ) 函数将浏览器重新定向到另一个页面，运行效果如图 6-1、图 6-2 所示。

图 6-1

图 6-2

文件 a. php 代码如图 6-3 所示。

```
1  <html>
2  <?php
3  header('Location: https://www.baidu.com/');
4  exit;
5  ?>
6  </html>
```

图 6-3

小 贴 士

上面代码中的' Location：https://www. baidu. com/' 也可以指定要跳转的页面的 PHP 文件，例如' Location：other. php/'。

方式 2：延迟跳转。

创建 a. php 文件，利用 head( ) 函数的延迟设置将浏览器重新定向到另一个页面，初始运行效果如图 6-4 所示。

4 秒后跳转到指定页面，如图 6-2 所示。

图 6-4

文件 a. php 代码如图 6-5 所示。

```
1  <html>
2  <?php
3  header('Refresh:4;url=https://www.baidu.com/');
4  exit;
5  ?>
6  </html>
```

图 6-5

小 贴 士

上面代码中的"Refresh:4"可以用 sleep(4)达到相同的延迟效果。

方式 3：META 方式跳转。

创建 6-1-4. php 文件，利用 meta 设置将浏览器重新定向到另一个页面，初始运行效果如图 6-6 所示。

3 秒后自动跳转到指定页面，如图 6-2 所示。

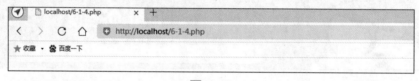

图 6-6

文件 6-1-4. php 代码如图 6-7 所示。

```
1  <html>
2  <head>
3      <meta http-equiv="refresh" CONTENT="3;URL=https://www.baidu.com">
4  </head>
5  <body>
6
7  </body>
8  </html>
```

图 6-7

方式 4：JavaScript 跳转。

创建 6-1-6. php 文件，利用 window. location. href 的设置将浏览器重新定向到另一个页面，初始运行效果如图 6-8 所示。

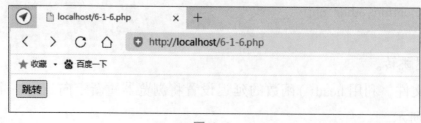

图 6-8

跳转到指定页面，如图 6-2 所示。

文件 6-1-6.php 代码如图 6-9 所示。

```html
1  <html>
2  <head>
3  <script type="text/javascript">
4     function other_page(){
5         window.location.href="https://www.baidu.com" ;
6     }
7  </script>
8  </head>
9  <body>
10 <button onclick="other_page()">跳转</button>
11 </body>
```

图 6-9

小 贴 士

在同一文件中引入 JavaScript 脚本可直接用标签实现，例如：

<? php echo"<script>...</script>";

【拓展训练】

使用嵌入 JavaScript 脚本的方法实现延迟跳转。

```html
<script type="text/javascript">
    setTimeout("window. location. href='helloworld.php'",3000);
</script>
```

【课外作业】

描述跳转页面应用场景。

任务二 ▷ 掌握表单数据的提交方式

【任务描述】

PHP 与 Web 页面交互是学习 PHP 语言编程必须掌握的基础方法。PHP 提供了两种与 Web 页面交互的方式，分别为 GET 和 POST。本任务学习分别使用两种方式实现提交个人注册信息的功能。

操作视频

【先导知识】

1. <form>表单中 method 属性的默认方法是 GET，是一种常见的表单提交方式。提交的表单数据被附加到 URL 上，并作为 URL 的一部分发送到服务器端。

2. URL。

在 WWW 上，每一信息资源都有统一的且在网上唯一的地址，该地址就叫统一资源定位器(Uniform Resource Locator，URL)，它是 WWW 的统一资源定位标志，就是指网络地址。URL 由 4 部分组成：协议、主机、端口、路径。URL 的一般语法格式为：

```
protocol :// hostname[:port] / path / [;parameters][? query]#fragment
```

语法说明如下：

protocol(协议)：若为 ftp，表示通过 FTP 访问资源，格式为"FTP://"。若为 http，表示通过 HTTP 访问该资源，格式为"HTTP://"。若为 https，表示通过安全的 HTTPS 访问该资源，格式为"HTTPS://"。

hostname(主机名)：hostname 是指存放资源的服务器的域名系统(DNS)主机名或 IP 地址。

port(端口号)：port 为整数，是可选项，省略时使用方案的默认端口。各种传输协议都有默认的端口号，如 HTTP 的默认端口为 80。

path(路径)：path 为由零个或多个"/"符号隔开的字符串，一般用来表示主机上的一个目录或文件地址。

parameters(参数)：parameters 是用于指定特殊参数的可选项。

query(查询)：query 是可选项，用于给动态网页(如使用 CGI、ISAPI、PHP/JSP/ASP/ASP. NET 等技术制作的网页)传递参数，可有多个参数，用"&"符号隔开，每个参数的名和值用"="符号隔开。

fragment(信息片段)：fragment 为字符串，用于指定网络资源中的片段。例如一个网页中有多个名词解释，可使用 fragment 直接定位到某一名词解释。

3. 表单是一个包含表单元素的区域。表单元素是允许用户在表单中输入内容，比如：文本域(Textarea)、下拉列表、单选按钮(Radio Buttons)、复选框(Checkboxes)等。表单使用表单标签 <form>来设置。在 HTML 表单中，多数情况下被应用到的表单标签是输入标签<input>。输入类型是由类型属性 type 定义的。经常用到的输入类型如下：

(1)文本域。文本域通过<input type="text">标签定义。当用户要在表单中键入字母、数字等内容时，就会用到文本域。

(2)密码字段。密码字段通过标签<input type="password"> 来定义。

(3)单选按钮。单选按钮通过<input type="radio"> 标签定义。

(4)复选框。复选框通过<input type="checkbox"> 定义。用户需要从若干给定的选择中选取一个或若干选项。

（5）提交按钮。提交按钮（Submit Buttton）通过<input type="submit">定义。当用户单击提交按钮时，表单的内容会被传送到另一个文件。表单的动作属性定义了目的文件的文件名。由动作属性定义的这个文件通常会对接收到的输入数据进行相关的处理。

4. GET 方法与 POST 方法的对比见表 6-1。

表 6-1　GET 方法与 POST 方法的对比

对比项目	对比结果	
	GET 方法	POST 方法
外观	地址栏可见传递的参数和值	地址栏看不到数据
提交数据大小	不能超过 250 个字符	不受限制
提交原理	提交的数据和数据之间独立	数据转换成 XML 格式提交
安全性	低	高

【任务实现】

方式 1：method="get"的应用。

新建一个动态网页，创建一个表单，添加各种表单元素，实现注册信息填写并提交，如图 6-10 所示。

提示：表单的属性 method="get"表示使用 GET 方式。

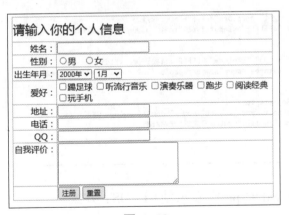

图 6-10

代码如图 6-11 所示。

小 贴 士

　　表单本身并不可见。此外，在大多数浏览器中，文本域的默认宽度是 20 个字符。

方式 2：method="post"的应用。

新建一个动态网页，创建一个表单，添加各种表单元素，实现注册信息填写并提交，如图 6-10 所示。

```
1   <form id="form1" name="form1" method="get" action="post.php">
2     <table width="503" border="0" align="center" cellspacing="1" bgcolor="#BBBBBB">
3       <tr>
4         <td height="46" colspan="2" bgcolor="#FFFFFF"><font color="#333333" size="+2">请输入你的个人信息</font></td>
5       </tr>
6       <tr>
7         <td width="82" height="20" align="right" bgcolor="#FFFFFF">姓名：</td>
8         <td width="414" height="20" bgcolor="#FFFFFF"><input type="text" name="name" /></td>
9       </tr>
10      <tr>
11        <td height="20" align="right" bgcolor="#FFFFFF">性别：</td>
12        <td height="20" bgcolor="#FFFFFF"><input type="radio" name="sex" value="男" />男
13          <input type="radio" name="sex" value="女" />女</td>
14      </tr>
15      <tr>
16        <td height="20" align="right" bgcolor="#FFFFFF">出生年月：</td>
17        <td height="20" bgcolor="#FFFFFF"><select name="year">
18      <?php
19          for($i=1980;$i<=2021;$i++){
20            echo "<option value='".$i."'".($i==2000?" selected":"").">".$i."年</option>";
21          }
22      ?>
23        </select>
24        <select name="month">
25      <?php
26          for($i=1;$i<=12;$i++){
27            echo "<option value='".$i."'".($i==1?" selected":"").">".$i."月</option>";
28          }
29      ?>
30        </select></td>
31      </tr>
32      <tr>
33        <td height="20" align="right" bgcolor="#FFFFFF">爱好：</td>
34        <td height="20" bgcolor="#FFFFFF"><input type="checkbox" name="interest[]" value="踢足球" />踢足球
35        <input type="checkbox" name="interest[]" value="听流行音乐" />听流行音乐
36        <input type="checkbox" name="interest[]" value="演奏乐器" />演奏乐器
37        <input type="checkbox" name="interest[]" value="跑步" />跑步
38        <input type="checkbox" name="interest[]" value="阅读经典" />阅读经典
39        <input type="checkbox" name="interest[]" value="玩手机" />玩手机</td>
40      </tr>
41      <tr>
42        <td height="20" align="right" bgcolor="#FFFFFF">地址：</td>
43        <td height="20" bgcolor="#FFFFFF"><input type="text" name="address" /></td>
44      </tr>
45      <tr>
46        <td height="20" align="right" bgcolor="#FFFFFF">电话：</td>
47        <td height="20" bgcolor="#FFFFFF"><input type="text" name="tel" /></td>
48      </tr>
49      <tr>
50        <td height="20" align="right" bgcolor="#FFFFFF">QQ：</td>
51        <td height="20" bgcolor="#FFFFFF"><input type="text" name="qq" /></td>
52      </tr>
53      <tr>
54        <td align="right" valign="top" bgcolor="#FFFFFF">自我评价：</td>
55        <td bgcolor="#FFFFFF"><textarea name="comment" cols="30" rows="5"></textarea></td>
56      </tr>
57      <tr>
58        <td bgcolor="#FFFFFF"> </td>
59        <td bgcolor="#FFFFFF"><input type="submit" name="Submit" value="注册" />
60        <input type="reset" name="Submit2" value="重置" /></td>
61      </tr>
62    </table>
63  </form>
```

图 6-11

提示：表单的属性 method="post" 表示使用 POST 方式。

为第一行代码中的 method 属性设置 method="post"，如图 6-12 所示，其他代码与图 6-11 所示相同。

```
1  <form id="form1" name="form1" method="post" action="post.php">
2    <table width="503" border="0" align="center" cellspacing="1" bgcolor="#BBBBBB">
```

图 6-12

【拓展训练】

创建发送电子邮件的表单，如图 6-13 所示。

代码如图 6-14 所示。

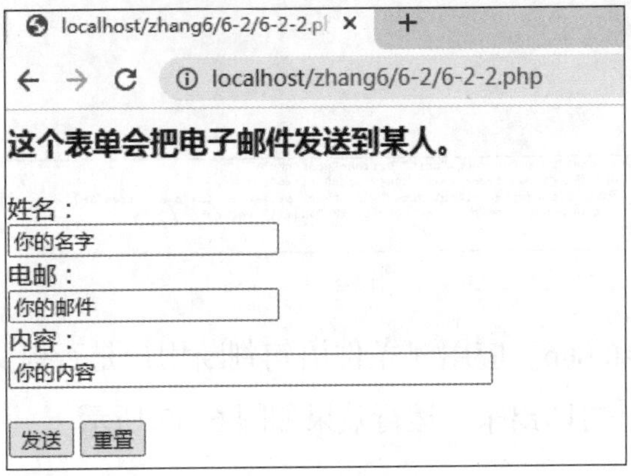

图 6-13

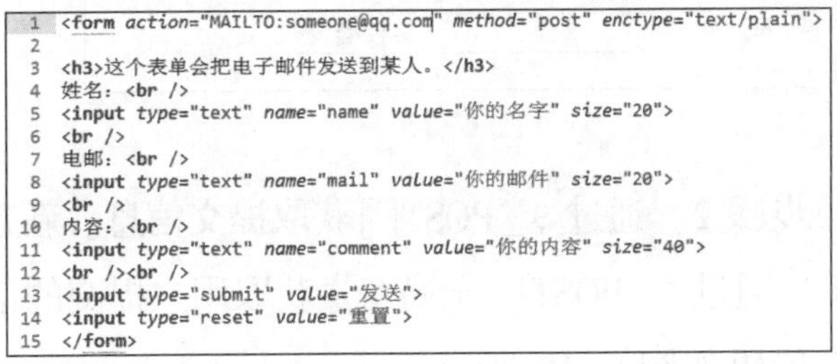

```
1   <form action="MAILTO:someone@qq.com" method="post" enctype="text/plain">
2
3   <h3>这个表单会把电子邮件发送到某人。</h3>
4   姓名： <br />
5   <input type="text" name="name" value="你的名字" size="20">
6   <br />
7   电邮： <br />
8   <input type="text" name="mail" value="你的邮件" size="20">
9   <br />
10  内容： <br />
11  <input type="text" name="comment" value="你的内容" size="40">
12  <br /><br />
13  <input type="submit" value="发送">
14  <input type="reset" value="重置">
15  </form>
```

图 6-14

【课外作业】

1. 提交表单数据有哪几种方法？
2. GET 方法和 POST 方法有哪些区别？

任务三　掌握获取表单数据的方法

【任务描述】

PHP 可以通过全局变量 $_POST[ ] 或 $_GET[ ] 来获取表单提交的数据。使用哪种方法获取数据是由 <form> 表单元素的 method 属性决定的。

操作视频

【先导知识】

通过 $_POST[ ] 全局变量获取表单数据，就是获取不同表单的表单元素的数据。表单元素的 name 属性必须定义，该属性用于获取相应的 value 属性的值。

【任务实现】

步骤 1：新建一个 PHP 动态网页，添加两个文本框和一个"登录"按钮。创建输入用户名和密码的界面，如图 6-15 所示。

代码如图 6-16 所示。

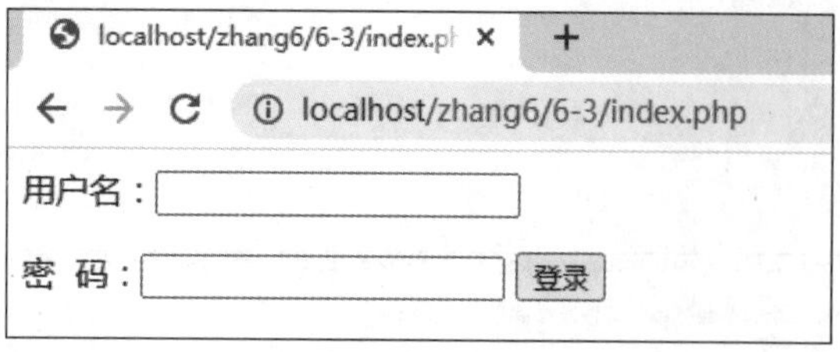

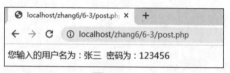

图 6-15

```
<form name="form1" method="post" action="post.php">
    用户名：<input type="text" name="user" size="20" ><p>
    密  码：<input name="pwd" type="password" id="pwd" size="20" >
    <input name="submit" type="submit" id="submit" value="登录" />
</form>
```

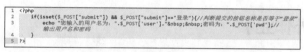

图 6-16

步骤 2：通过 $_POST[ ]获取提交信息。新建 post. php。应用 if 条件语句判断用户是否提交了表单，通过 $_POST[ ]全局变量获取用户提交的信息并打印出来。运行效果如图 6-17 所示。

代码如图 6-18 所示。

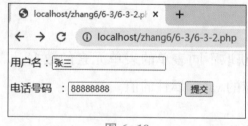

图 6-17

```
<?php
    if(isset($_POST["submit"]) && $_POST["submit"]=="登录"){//判断提交的按钮名称是否等于"登录"
        echo "您输入的用户名为: ".$_POST['user']."  密码为: ".$_POST['pwd'];//
        输出用户名和密码
    }
?>
```

图 6-18

小 贴 士

在应用文本框传递值时，一定要正确书写文本框的名称。在表单元素的名称上不应该有空格存在，在 $_POST[ ]中填写的元素名称要与提交表单中设置的名称相同。

【拓展训练】

用 GET 方式提交表单。

步骤 1：新建一个动态网页，创建提交用户名、电话号码的界面，如图 6-19 所示。

代码如图 6-20 所示。

提示：method = " get" 表示用 GET 方式提交用户名和电话号码。

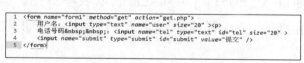

图 6-19

```
<form name="form1" method="get" action="get.php">
    用户名：<input type="text" name="user" size="20" ><p>
    电话号码  ：<input name="tel" type="text" id="tel" size="20" >
    <input name="submit" type="submit" id="submit" value="提交" />
</form>
```

图 6-20

步骤 2：新建 get. php，应用 if 条件语句判断用户是否提交了表单，通过 $_GET[ ]全局变量获取用户提交的信息并打印出来，成功提交后信息会显示在页面上，如图 6-21 所示。

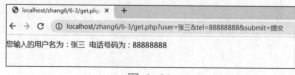

图 6-21

小 贴 士

获取的表单元素名称区分字母大小写。

【课外作业】

PHP 如何获取表单提交的数据？

任务四 ▶ 掌握服务器端获取数据的其他方法

【任务描述】

PHP 中的许多预定义变量都是"超全局"的，这意味着它们在一个脚本的全部作用域中都可用，在函数或方法中无须执行"global $variable;"就可以访问它们。应用 PHP 提供的其他超全局变量，如 $GLOBALS、$_SERVER、$_REQUEST、$_FILES、$_ENV、$_COOKIE、$_SESSION 等，可以获取大量与环境有关的信息。

操作视频

【先导知识】

1. PHP 在名为 $GLOBALS[index] 的数组中存储了所有全局变量。变量的名字就是数组的键。

2. 超全局变量 $_SERVER 保存关于服务器和执行环境信息。

3. $_SERVER 中访问的重要元素见表 6-2。

表 6-2　$_SERVER 中访问的重要元素

元素/代码	描述
$_SERVER['PHP_SELF']	返回当前执行脚本的文件名
$_SERVER['GATEWAY_INTERFACE']	返回服务器使用的 CGI 规范的版本
$_SERVER['SERVER_ADDR']	返回当前运行脚本所在的服务器的 IP 地址
$_SERVER['SERVER_NAME']	返回当前运行脚本所在的服务器的主机名（比如 www.w3school.com.cn）
$_SERVER['SERVER_SOFTWARE']	返回服务器标识字符串（比如 Apache/2.2.24）

元素/代码	描述
$_SERVER['SERVER_PROTOCOL']	返回请求页面时通信协议的名称和版本(例如,"HTTP/1.0")
$_SERVER['REQUEST_METHOD']	返回访问页面使用的请求方法(例如POST)
$_SERVER['REQUEST_TIME']	返回请求开始时的时间戳(例如1577687494)
$_SERVER['QUERY_STRING']	返回查询字符串,如果是通过查询字符串访问此页面
$_SERVER['HTTP_ACCEPT']	返回来自当前请求的请求头
$_SERVER['HTTP_ACCEPT_CHARSET']	返回来自当前请求的Accept_Charset头(例如utf-8,ISO-8859-1)
$_SERVER['HTTP_HOST']	返回来自当前请求的Host头
$_SERVER['HTTP_REFERER']	返回当前页面的完整URL(不可靠,因为不是所有用户代理都支持)
$_SERVER['HTTPS']	是否通过安全HTTP协议查询脚本
$_SERVER['REMOTE_ADDR']	返回浏览当前页面的用户的IP地址
$_SERVER['REMOTE_HOST']	返回浏览当前页面的用户的主机名
$_SERVER['REMOTE_PORT']	返回用户机器上连接到Web服务器所使用的端口号
$_SERVER['SCRIPT_FILENAME']	返回当前执行脚本的绝对路径
$_SERVER['SERVER_ADMIN']	该值指明了Apache服务器配置文件中的SERVER_ADMIN参数
$_SERVER['SERVER_PORT']	Web服务器使用的端口。默认值为"80"
$_SERVER['SERVER_SIGNATURE']	返回服务器版本和虚拟主机名
$_SERVER['PATH_TRANSLATED']	当前脚本所在文件系统(非文档根目录)的基本路径
$_SERVER['SCRIPT_NAME']	返回当前脚本的路径
$_SERVER['SCRIPT_URI']	返回当前页面的统一资源标识符(URI)

4. $_REQUEST 用于收集 HTML 表单提交的数据。

🧑‍💻 小 贴 士

如果用 unset 释放 $_GET 或者 $_POST, $_REQUEST 数组中的所存储的数据都不会发生改变。当 $_POST 和 $_GET 中都有同名元素时, $_REQUEST 所存储的数据会依据 PHP 配置文件 php.ini 中配置的 request_order = "GP"(默认)来决定先存储 GET 数据再存储 POST 数据,最终的结果是 POST 数据覆盖了 GET 数据。如果配置 request_order = "PG",结果会反过来。

【任务实现】

步骤1：$_REQUEST 用于存储 $_POST 和 $_GET 的数据总和，它们之间是相互独立的。编写 post. php 文件，运行效果如图 6-22 所示。在 request. php 文件中接收 post. php 文件发送的内容并进行处理，运行效果如图 6-23 所示。

图 6-22

图 6-23

post. php 代码如图 6-24 所示。

```
1  <form action="request.php" method="post" >
2      First name: <input type="text" name="fname" /><br />
3      Last name: <input type="text" name="lname" /><br />
4      <input type="submit" value="Submit" />
5  </form>
```

图 6-24

request. php 代码如图 6-25 所示。

```
1  <body>
2              请求已经收到!
3          <?php
4          $fn=$_REQUEST["fname"];
5          $ln=$_REQUEST["lname"];
6          echo $fn.$ln;
7          ?>
8  </body>
```

图 6-25

小 贴 士

表单的 action 属性指定的路径是相应的接收数据的 PHP 文件，这要根据 localhost 位置来指定，项目所在的文件夹就是 localhost。

步骤2：在浏览器打印出 $_SERVER 数组的所有信息。效果如图 6-26 所示。

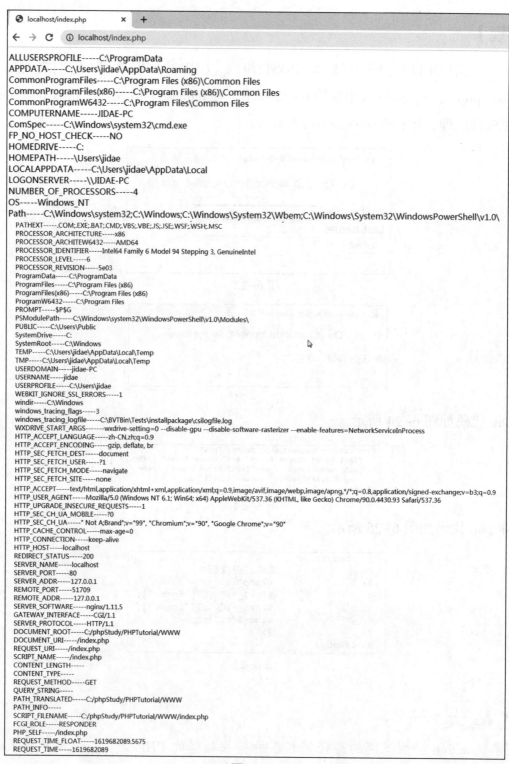

图 6-26

【拓展训练】

在本任务 request. php 代码中添加语句打印出传递数据给它的 PHP 文件所在的路径及其名字，运行效果如图 6-27 所示。

代码如图 6-28 所示。

图 6-27

```html
1  <body>
2      请求已经收到！
3      <?php
4      $fn=$_REQUEST["fname"];
5      $ln=$_REQUEST["lname"];
6      echo $fn.$ln."<br>";
7      echo "当前页面的地址为: <br>";
8      echo $_SERVER["HTTP_REFERER"];
9      ?>
10 </body>
```

图 6-28

【课外作业】

如果要获取脚本所地的 IP 地址及服务器的主机名称，该如何编写脚本？

任务五 ▶ 掌握文件上传

【任务描述】

PHP 中文件上传可以通过 HTTP 协议来实现。通过 PHP 提供的全局变量 $_FILES 对上传文件做一些限制和判断，最后使用 move_uploaded_file( ) 函数实现上传。

操作视频

【先导知识】

1. 上传文件相关配置：PHP 中通过 php.ini 文件对上传文件进行控制。找到 file_uploads 项，file_uploads＝On，表示默认允许 HTTP 文件上传，将其设置为 Off 则不能上传文件。upload_tmp_dir 项默认为空，这个选项设置的是文件上传时存放文件的临时目录。上传大文件主要涉及配置 upload_max_filessize 和 post_max_size 两个选项。一部分配置文件如图 6-29 所示。

```ini
; Maximum allowed size for uploaded files.
; http://php.net/upload-max-filesize
upload_max_filesize = 2M

; Maximum number of files that can be uploaded via a single request
max_file_uploads = 20

;;;;;;;;;;;;;;;;;;
; Fopen wrappers ;
;;;;;;;;;;;;;;;;;;

; Whether to allow the treatment of URLs (like http:// or ftp://) as files.
; http://php.net/allow-url-fopen
allow_url_fopen = On
```

图 6-29

2. 客户端提交后，我们获得了一个 $_FILES 数组。$_FILES 数组内容如下：

$_FILES['myFile']['name']：客户端文件的原名称。

$\_FILES['myFile']['type']$：文件的 MIME(多用途互联网邮件扩展类型)类型，MIME 类型规定各种文件格式的类型。每种 MIME 类型都是由"/"分隔的主类型和子类型组成。例如"image/gif"，主类型为"图像"，子类型为 GIF 格式的文件。

$\_FILES['myFile']['size']$：已上传文件的大小，单位为字节。

$\_FILES['myFile']['tmp\_name']$：文件被上传后在服务端储存的临时文件名，一般是系统默认的。可以在 php.ini 的 upload_tmp_dir 指定，但用 putenv() 函数设置是不起作用的。

$\_FILES['myFile']['error']$：和该文件上传相关的错误代码。['error'] 是在 PHP 4.2.0 版本中增加的。它的说明见表 6-3。

表 6-3 ['error'] 的说明

错误代码	值	说明
UPLOAD_ERR_OK	0	没有错误发生，文件上传成功
UPLOAD_ERR_INI_SIZE	1	上传的文件超过了 php.ini 中 upload_max_filesize 选项限制的值
UPLOAD_ERR_FORM_SIZE	2	上传文件的大小超过了 HTML 表单中 MAX_FILE_SIZE 选项指定的值
UPLOAD_ERR_PARTIAL	3	文件只有部分被上传
UPLOAD_ERR_NO_FILE	4	没有文件被上传
UPLOAD_ERR_NO_FILE	5	上传文件大小为 0
UPLOAD_ERR_NO_TMP_DIR	6	找不到临时文件夹
UPLOAD_ERR_CANT_WRITE	7	文件写入失败

文件被上传结束后，默认被存储在临时目录中，这时必须将它从临时目录中删除或移动到其他位置，如果没有，则会被删除。也就是说，不管是否上传成功，脚本执行完后临时目录里的文件肯定会被删除。所以在删除之前要用 PHP 的 copy() 函数将它复制到其他位置，此时才算完成了上传文件过程。

【任务实现】

步骤 1：创建一个文件上传表单，运行效果如图 6-30 所示。

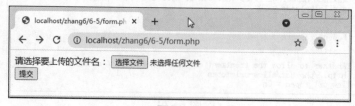

图 6-30

主要代码如图 6-31 所示。

```
1  <form action="upload_file.php" method="post" enctype="multipart/form-data">
2      <label for="file">请选择要上传的文件名: </label>
3      <input type="file" name="file" id="file"><br>
4      <input type="submit" name="submit" value="提交">
5  </form>
```

图 6-31

　　步骤2：创建处理上传文件脚本 upload_file.php。打印相关信息，运行效果如图 6-32 所示。

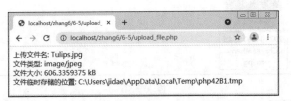

图 6-32

主要代码如图 6-33 所示。

```php
1  <?php
2  if ($_FILES["file"]["error"] > 0)
3  {
4      echo "错误: " . $_FILES["file"]["error"] . "<br>";
5  }
6  else
7  {
8      echo "上传文件名: " . $_FILES["file"]["name"] . "<br>";
9      echo "文件类型: " . $_FILES["file"]["type"] . "<br>";
10     echo "文件大小: " . ($_FILES["file"]["size"] / 1024) . " kB<br>";
11     echo "文件临时存储的位置: " . $_FILES["file"]["tmp_name"];
12 }
13 ?>
```

图 6-33

　　步骤3：增加对文件上传的限制，使用户只能上传 jpeg、jpg、png 文件，文件大小必须小于 1MB，主要代码如图 6-34 所示。

```php
1  <?php
2  // 允许上传的图片后缀名
3  $allowedExts = array("jpeg", "jpg", "png");
4  $temp = explode(".", $_FILES["file"]["name"]);
5  $extension = end($temp);        // 获取文件后缀名
6  if ((($_FILES["file"]["type"] == "image/jpeg")
7  || ($_FILES["file"]["type"] == "image/jpg")
8  || ($_FILES["file"]["type"] == "image/pjpeg")
9  || ($_FILES["file"]["type"] == "image/x-png")
10 || ($_FILES["file"]["type"] == "image/png"))
11 && ($_FILES["file"]["size"] < 1048576)    // 小于 1 MB
12 && in_array($extension, $allowedExts))
13 {
14     if ($_FILES["file"]["error"] > 0)
15     {
16         echo "错误: : " . $_FILES["file"]["error"] . "<br>";
17     }
18     else
19     {
20         echo "上传文件名: " . $_FILES["file"]["name"] . "<br>";
21         echo "文件类型: " . $_FILES["file"]["type"] . "<br>";
22         echo "文件大小: " . ($_FILES["file"]["size"] / 1024) . " kB<br>";
23         echo "文件临时存储的位置: " . $_FILES["file"]["tmp_name"];
24     }
25 }
26 else
27 {
28     echo "上传文件不符合要求";
29 }
30 ?>
```

图 6-34

步骤4：编写代码实现把文件复制到另外的位置——"/uploadimg"中，保存文件之前判断保存的文件名不重复。将文件保存在文件夹 uploadimg 中，如图6-35、图6-36所示。

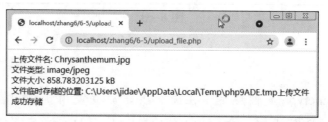

图 6-35

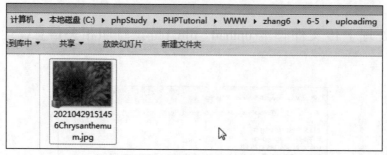

图 6-36

主要代码如图6-37所示。

```
25        // 判断当前目录下的 uploadimg 目录是否存在该文件
26        // 如果没有 uploadimg 目录，你需要创建它
27    if (file_exists("uploadimg/" . $_FILES["file"]["name"]))
28    {
29        echo $_FILES["file"]["name"] . " 文件已经存在。 ";
30    }
31    else
32    {
33        // 如果 uploadimg 目录不存在该文件则将文件上传到该目录下并加上时间
34        move_uploaded_file($_FILES["file"]["tmp_name"], "uploadimg/" .date('YmdHis'). $_FILES["file"]["name"]);
35        echo "上传文件成功存储";
36    }
```

图 6-37

📖 小 贴 士

接收上传文件的 PHP 脚本应该进行逻辑上的必要检查，例如可以用 $_FILES['userfile']['size'] 变量来排除过大或过小的文件；可以通过 $_FILES['userfile']['type'] 变量来排除文件类型和某种标准不相符合的文件，但只把它当作一系列检查中的第一步，因为此值完全由客户端控制而在 PHP 端并不检查。同时，还可以通过 $_FILES['userfile']['error'] 变量来根据不同的错误代码计划下一步如何处理，要么将该文件从临时目录中删除，要么将其移动到其他位置。

💻【课外作业】

实现文件上传并保存文件要用到哪几个函数？

【单元小结】

通过本单元学习，学生需要掌握页面跳转的几种常用方法，掌握表单数据的提交方式，掌握获取表单数据的方法，掌握服务器端获取数据的其他方法，掌握将文件的上传并保存在服务器的方法。

UNIT 7

单元 7

利用数据库储存数据

学习目标

- 掌握创建数据库的基本操作
- 掌握数据表导入、导出数据
- 掌握数据库数据信息查询
- 掌握数据库数据维护

操作视频

【知识导引】

数据库作为网站存储数据的主要载体，在整个网页编程中扮演着重要角色。要想成为PHP网页编程高手，掌握 PHP 和 MySQL 的数据库操作是非常重要的。数据库、数据表和数据记录有什么关系呢？可以简单认为：数据库(Database)、表(Table)、数据记录都是用来组织数据的方式，数据库是数据表的集合，数据表是数据记录的集合，数据记录是真正被操作的数据。本单元通过 4 个任务介绍对数据库、数据表和数据记录的主要操作。

任务一 ▷ 创建数据库保存学生信息

【任务描述】

小明和同班同学计划开发一个学生信息管理系统。经过讨论，他们决定采用MySQL 数据库来保存数据，学生信息管理系统使用的数据库名称是 db_database1，使用MySQL 图形化工具 Navicat 和 MySQL console 命令窗口方式进行数据库的管理。

操作视频

【先导知识】

1. 数据库可以分为关系型数据库、图形数据库、键值(Key/Value)数据库。MySQL 数据库通过数据表来存储数据，因此它属于关系型数据库。

2. 对数据库的操作主要有：启动和关闭、连接和断开、创建、选择、备份、还原和删除等。

【任务实现】

步骤 1：启动 MySQL 服务器。

只有启动 MySQL 服务器，才可以操作 MySQL 数据库。断开了所有的 MySQL 数据库连接后，就可以停止服务器。要启动或停止 MySQL 服务器，可以在 phpStudy 管理界面上直接单击"启动""停止"按钮，如图 7-1 所示。

步骤 2：连接 MySQL 服务器。

MySQL 服务器启动后，就可以连接服务器了，本书介绍两种连接方法：

方法 1：通过 Navicat 程序(用户名：root 密码：root)连接，如图 7-2 所示。

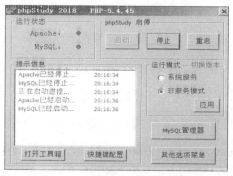

图 7-1　　　　　　　　　　　　　　　图 7-2

方法 2：通过 MySQL console 命令窗口连接。单击任务栏 phpStudy 图标，打开 phpStudy 管理界面，在该界面中单击"其他菜单选项"按钮，在弹出的下拉菜单中选择"MySQL 工具\MySQL 命令行"命令，打开 MySQL 命令窗口，如图 7-3 所示。

输入 MySQL 服务器连接用户 root 的密码后按回车键确认，将出现图 7-4 所示的提示界面，表明通过 MySQL 命令成功连接到 MySQL 服务器。

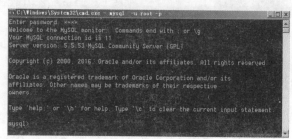

图 7-3　　　　　　　　　　　　　　　图 7-4

同理，断开 MySQL 服务器连接也有 Navicat 程序界面方法和 MySQL console 命令窗口方法。在"Navicat for MySQL"窗口中选择"文件\关闭连接"命令就可以断开 MySQL 服务器连接；在 MySQL 命令窗口输入"quit"命令并按回车键也可以断开 MySQL 服务器的连接，如图 7-5 所示。

步骤 3：操作 MySQL 数据库。

在该步骤中，我们将要创建数据库，数据库名称为：db_database1。在创建数据库时为了避免创建的数据库名称已经存在，可以在创建前通过 show database 语句查看已经存在的数据库，如图 7-6 所示。

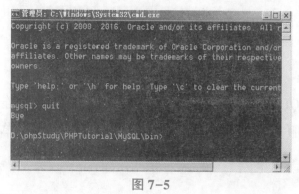

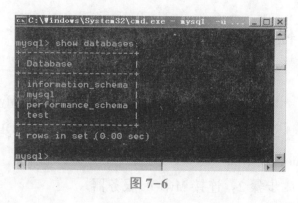

图 7-5　　　　　　　　　　　　　　　图 7-6

查询结果显示只有 4 个系统自带的默认数据库（information_schema、mysql、performance_schema、test）。接着，我们通过 create database 语句创建数据库 db_database1，如图 7-7 所示。

再次查看结果，发现已经创建数据库成功，如图7-8所示。

图 7-7

图 7-8

我们可以通过 drop database 语句来删除数据库，但删除数据库一定要谨慎。一旦执行该语句，相应的数据库会被删除，除非有备份，否则没有恢复的可能。

【拓展训练】

先请补充横线上的内容，再按要求截图保存。

创建名称为 db_ database2 的数据库，并选择为当前数据库，效果如图7-9所示，截图保存为 T7-1-1. jpg。

_____ databases;	//查看已经存在的数据库
_____ database db_database2;	//创建数据库
_____ db_database2;	//切换数据库

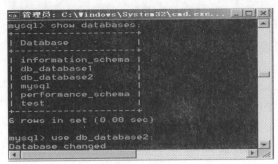
图 7-9

任务二 数据表导入导出

【任务描述】

小明和同班同学计划开发的学生信息管理系统，数据库前期主要包含用户表 user、学生表 student 和成绩表 score，使用 MySQL 图形化工具 Navicat 程序和 MySQL console 命令窗口方式进

PHP程序
设计基础

行数据表和数据记录的管理。

【先导知识】

操作视

1. 数据表是数据记录的集合，数据表、数据记录是操作的主要对象。
2. 对数据表的操作主要有：创建、删除、批量导入导出数据等。
3. 对数据记录的操作主要有：插入、修改、删除等。

【任务实现】

步骤 1：创建数据表。

创建完数据库后就可以创建数据表了，将要创建的 3 个数据表的结构如下：

（1）用户表 user，字段列 [id int auto_ increment not null primary key, name varchar(30) not null, password varchar(30) not null]。

（2）学生表 student，字段列 [id int auto_ increment not null primary key, stName varchar(30) not null, stAge tinyint not null, stClass varchar(30) not null]。

（3）成绩表 score，字段列 [id int auto_increment not null primary key, stName varchar(30) not null, cnScore float, enScore float]。

1. 创建用户数据表 user，在命令窗口中通过 create table 语句来创建。

语法格式：

```
createtable name(字段1  属性,字段2  属性……)
```

通过以下代码创建数据表 user：

```
create table user(                              //创建 user 数据表
id int auto_increment primary key,              //字段 id  整型  自动增加主键
name varchar(30)not null,                       //字段 name 字符类型(长度 30)不能为空值
password varchar(30)not null);                  //字段 password 字符类型(长度 30)不能为空值
```

命令执行过程如图 7-10。

图 7-10

小 贴 士

命令窗口中的提示符说明如下：

mysql>：等待输入 MySQL 命令。

- >：等待输入命令的下一行。

MySQL 以一个"；"作为语句结束的标记。

2. 创建学生表 student。可以继续通过命令窗口创建，也可以通过 Navicat 程序创建。下面使用 Navicat 程序创建数据表。在"Navicat for MySQL"窗口左侧目录中"表"对象上单击鼠标右键，在弹出的快捷菜单中选择"新建表"命令就可以实现快速建立数据表，如图 7-11 所示。

在弹出的窗口中输入数据表各字段的名称和属性，如图 7-12 所示，再单击"保存"按钮▣，以文件名称 student 保存工作表。

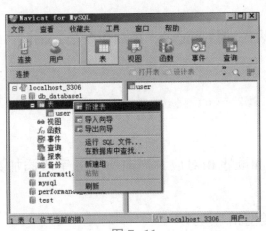
图 7-11

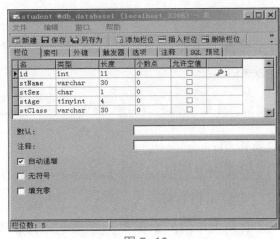
图 7-12

根据以上两种方法之一再创建数据表 score，创建成功后"Navicat for MySQL"窗口如图 7-13 所示。

图 7-13

小贴士

在 MySQL 数据库中，每一条数据记录的各个字段都有其数据类型。MySQL 支持的数据类型主要有 3 类：数字类型、字符串（字符）类型、日期和时间类型。

数字类型分为两类：整数数据类型和浮点数据类型。其中整数数据类型按照数据范围从小到大分为 TINYINT、BIT、BOOL、SMALLINT、MEDIUMINT、INT、BIGINT 等类型，浮点数据类型分为 FLOAT、DOUBLE、DECIMAL 类型。

字符串类型分为 3 类：普通文本字符串（CHAR 和 VARCHAR）、可变字符串（TEXT 和 BLOB）和特殊类型。

日期和时间类型有 DATETIME、DATE、TIMESTAMP、TIME 和 YEAR。

步骤 2：操作数据记录。

1. 添加数据记录。

建立数据库和数据表后，就可以往空白的数据表添加数据记录，添加命令是 insert。语法格式：

```
insert into 数据表(字段1,字段2……)value(值1,值2,……)
```

参数说明：

（1）值列表中的值应与字段列表中字段的个数和顺序相对应，当向所有的字段添加数据时，字段名称可以省略。

（2）值列表中值的数据类型必须与字段的数据类型相对应。

例如，向用户数据表 user 字段(id，name，password)添加一条记录，如图 7-14 所示。

```
insert into user(id,name,password)values(1,'张三','123456')
```

同理，也可以通过 Navicat 程序添加数据记录。在"Navicat for MySQL"窗口中双击打开数据表 user，单击"插入记录(Ins)"按钮添加数据记录，如图 7-15 所示。

图 7-14

图 7-15

2. 修改数据记录。

由于用户密码需要修改，现在对用户"张三"的密码进行修改，原来的密码是 123456，修改为654321，可以通过update命令进行修改。

语法格式：

```
update 数据表 set 字段1=值1,字段2=值2,……,字段n=值n  where 条件;
```

参数说明：

（1）set子句指出要修改的字段及其给定的值，对应的字段和值数据类型要保持一致。

（2）where子句是可选的，如果给出该子句，将指定记录中哪行应该被更新，否则，所有的记录行都将被更新，命令执行过程如图7-16所示。

3.删除数据记录。

学生"李小东"已经毕业了，需要在学生表student中删除。在数据库中，有些数据已经失去意义或者数据错误，此时可以使用delete命令删除。

图7-16

语法格式：

```
delete from 数据表名 where condition;
```

具体代码如下：

```
delete from student where name='李小东';
```

说明：该语句在执行过程中如果没有给出where子句，将删除所有的记录，如果给出where子句，将按照指定条件删除数据记录。

例如，删除用户表user中用户名为"李四"的记录信息，代码如下：

```
delete from user where user='李四';
```

使用Navicat程序也可以在数据表中添加、修改、删除数据记录。

步骤3：数据表导入与导出。

1.导入数据。

现在需要将大量数据插入数据库，如果通过insert into语句一条一条插入数据库非常缓慢和容易出错，可以通过Navicat程序实现数据库和外部环境交换数据，以实现快速录入数据的功能。

例如：现在将以下Excel文件"学生基本信息.xls"导入数据库db_database1的学生表student中。"学生基本信息.xls"文件部分记录如图7-17所示。

图7-17

（1）在"Navicat for MySQL"窗口中展开数据库db_database1，在"表"图标上单击鼠标右键，在弹出的快捷菜单中选择"导入向导"命令，如图7-18所示。

（2）在弹出的"导入向导"对话框中设置要导入的文件类型为"Excel 文件（＊.xls）"，如图7-19所示，单击"下一步"按钮。

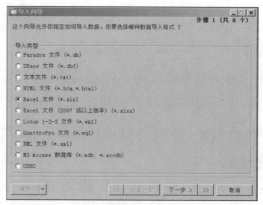

图 7-18　　　　　　　　　　　　　　　　图 7-19

（3）选择要导入的文件"学生基本信息.xls"和对应的工作表，如图 7-20 所示，单击"下一步"按钮。

（4）参照原始 Excel 表数据，设置"栏位名行"为 1，"第一个数据行"为 2，"最后一个数据行"为 321，如图 7-21 所示，单击"下一步"按钮。

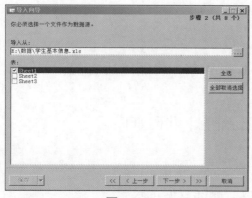

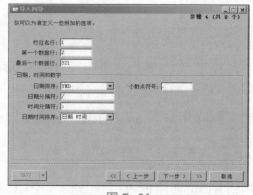

图 7-20　　　　　　　　　　　　　　　　图 7-21

（5）设置目标表为学生表 student，如图 7-22 所示，单击"下一步"按钮。

（6）设置"源栏位"和"目标栏位"的关系，如图 7-23 所示。"源栏位"就是 Excel 表格列名称，"目标栏位"Excel 数据表导入数据库后数据表的字段名称。单击"下一步"按钮。

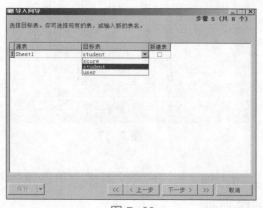

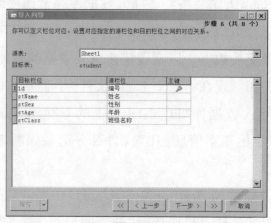

图 7-22　　　　　　　　　　　　　　　　图 7-23

（7）设置导入模式为"添加：添加记录到目标表"，实现追加数据到数据库，如图7-24所示，单击"下一步"按钮。

（8）单击"开始"按钮，执行数据导入的操作，完毕后显示导入的详细结果，如图7-25所示。

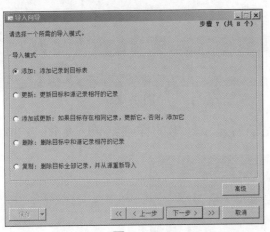

图7-24　　　　　　　　　　　　　　图7-25

2. 导出数据。

现在要将db_database1数据库中的用户表user导出为文件E:\用户信息.xls，可以通过在图7-18所示快捷菜单中选择"导出向导"命令实现这一要求。

（1）在弹出的"导出向导"对话框中设置导出文件类型为"Excel数据表（*.xls）"，如图7-26所示，单击"下一步"按钮。

（2）选择数据表user作为源，设置导出路径为"E:\用户信息.xls"，如图7-27所示，单击"下一步"按钮。

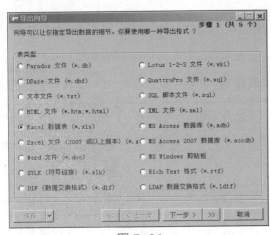

图7-26　　　　　　　　　　　　　　图7-27

（3）选择栏位（即字段列）：id、name、password。可以勾选"全部栏位"复选框，导出数据表所有的字段列，如图7-28所示，单击"下一步"按钮。

（4）选择"包含列的标题"和"遇到错误继续"这两个复选框，如图7-29所示，单击"下一步"按钮。

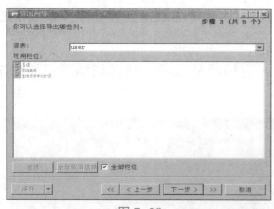
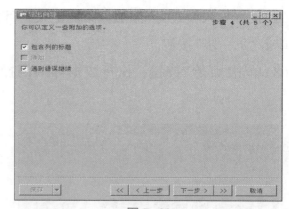

| 图 7-28 | 图 7-29 |

（5）单击"开始"按钮，执行数据导出操作，完毕后显示导出的详细结果，如图 7-30 所示。

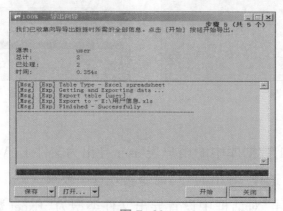

图 7-30

【拓展训练】

请补充横线上的内容。

1. 创建数据库 db_database2，再根据数据表结构设计，创建 user 和 news 两个数据表，见表 7-1、表 7-2。

表 7-1　user 表结构

字段名称	类型	长度	允许空值	主键	说明
id	int	4	否	是	自动编号
name	varchar	10	否	否	用户名称
password	varchar	10	否	否	用户密码

表 7-2　news 表结构

字段名称	类型	长度	允许空值	主键	说明
id	int	4	否	是	自动编号
title	varchar	50	否	否	标题
content	text	默认	否	否	内容

（1）创建数据表 user。

```
use database db_database2                                    //切换数据库
create table user(____ int(4)auto increment primary not null //字段 id 属性
_____ varchar(_____)not _____                         //字段 name 属性
_____ varchar(_____)not _____)                        //字段 password 属性
```

（2）创建数据表 news。

```
_____ database db_database2                                //切换数据库
_____ table news(id int(10)auto _____ primary not null  //字段 id 属性
title _____(____)not _____                              //字段 title 属性
content _____ not _____)                                //字段 content 属性
```

通过 Navicat 程序查看效果，如图 7-31 所示。

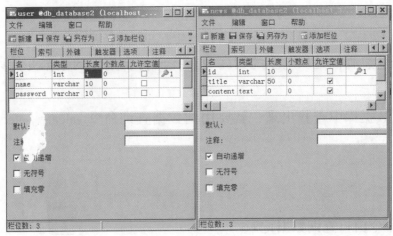

图 7-31

2. 使用 insert 命令，在 user 表中插入 3 条记录，如图 7-32 所示。

```
insert into user(name,password)values('_____','_____');
insert _____ user(name,password)values('_____','_____');
_____(name,password)values('_____','_____');
```

3. 使用 delete 命令删除用户名称为 user002 的数据记录，如图 7-33 所示。

```
delete _____ user where _____='_____';//删除用户 user002 记录
```

图 7-32

图 7-33

4. 创建名称为 db_ database3 的数据库，再在数据库中创建名称为 xuesheng 和 yonghu 的两个数据表，将 E:\ 学生基本信息 .xls 导入 xuesheng 表。

操作视频

任务三　数据库数据信息查询

【任务描述】

小明和同班同学计划开发的学生信息管理系统。数据库、数据表(用户表 user、学生表 student 和成绩表 score)都已经录入数据并准备就绪,现在通过不同的方式进行查询,实现动态网页的功能。

【先导知识】

1. 数据库数据信息查询是从众多的数据中查找出符合条件的数据并加以运用,是数据库主要应用之一。

2. 要把数据从数据库中查找出来,就要用到数据查询命令 select。select 命令是最常用的查询命令之一。

【任务实现】

1. 在 MySQL 命令窗口查询数据记录。

select 命令是最常用的查询命令之一,下面对它进行介绍。

语法格式:

```
select  字段名称              //要查询的字段,星号"*"代表所有的字段
from 数据表名                  //指定数据表
where 条件表达式               //查询时需要满足的条件,是必须满足的条件
group by 字段名称              //如何对结果进行分组
order by 字段名称   asc 或 desc //对结果进行升序或降序排列,默认是 asc,表示升序排列
having secondary constraint   /*查询时满足的第二条件。having 要和 group by 结合使用,
是在分组查询后需要满足的条件,而 where 是在分组之前要满足的条件*/
```

例 1:要查询学生表 student 中 id 字段、stName 字段的内容,代码如下:

```
select id,stName from student;        //查询数据表 student 中 id 和 stName 字段的数据
```

查询结果如图 7-34 所示。

例 2:要查询学生表 student 中所有字段的内容,代码如下:

```
select * from student;            //查询数据表 student 中所有字段的数据
```

查询结果如图 7-35 所示。

图 7-34

图 7-35

例 3：查询数据表 student 中 stSex 字段的数据，按照 stAge 字段排序，代码如下：

```
select * from student order by stAge;        /*按照年龄 stAge 排序,查询数据表 student 中性别
stSex 字段的数据*/
```

查询结果如图 7-36 所示。

另外，在 MySQL 中，还可以使用表达式计算各字段的值，作为输出结果。表达式还可以包含一些函数，常用的统计函数见表 7-3。

表 7-3　常用的统计函数

函　数	功　能
sum(字段名称)	统计出指定字段的总和
avg(字段名称)	统计出指定字段的平均值
min(字段名称)	统计出指定字段的最小值
max(字段名称)	统计出指定字段的最大值
count(字段名称)	如指定一个字段，统计出该字段中的非空记录； 如在字段名称前面增加 DISTINCT，统计出不同值的记录； 如使用 COUNT(*)，统计包含空值的所有记录数。

例 4：查询学生表 student 中的 stAge 字段，并按班级分别统计出平均年龄，代码如下：

```
select avg(stAge),stClass from student group by stClass;
```

结果如图 7-37 所示。

图 7-36

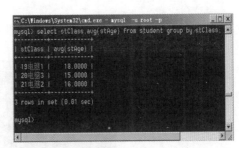
图 7-37

2. 使用 Navicat 程序新建查询窗口也可以查询数据。

【拓展训练】

请补充横线上的内容。

1. 使用 select 命令查询数据库 dbtabase2 中 user 表所有的数据记录，如图 7-38 所示。

```
use_____                                    //选择数据库
select_____ from_____;                   //查询所有的数据记录
```

图 7-38

2. 使用 select 命令查询数据库 dbtabase1 中 student 表中 stSex 字段为"女"的所有数据，如图 7-39 所示。

```
use_____                                         //选择数据库
select_____ from_____ where_____;          //查询所有女同学的数据记录
```

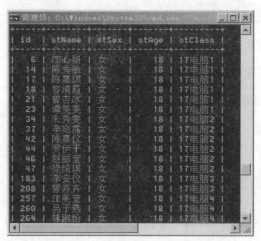

图 7-39

3. 使用 select 命令查询数据库 dbtabase1 中 student 表，统计出男生人数，如图 7-40 所示。

```
use_____                                              //选择数据库
select stSex,_____ (stName)  from student where_____;   //统计出男生人数
```

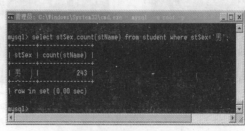

图 7-40

任务四 ▶ 数据库数据维护

【任务描述】

小明在学生信息管理系统的维护过程中发现：数据库有时候会因为硬件或者人为因素造成极大损失，因此决定做到未雨绸缪，及时备份数据库，一旦数据库遭到破坏，可以通过备份的文件还原数据库。

操作视频

【先导知识】

MySQL 数据库主要通过 mysqldump 命令来进行数据备份或者还原。mysqldump 命令的工作原理：它先查出需要备份的数据表结构，再在文本文件中生成一个 CREATE 语句，而数据表中的所有记录转换成一条 INSERT 语句，这些 CREATE 语句和 INSERT 语句都是还原数据时使用的。还原数据时使用其中的 CREATE 语句创建表，使用其中的 INSERT 语句还原数据记录。当然，除了命令方式进行备份或者还原以外，通过 Navicat 程序也同样能实现相同的功能。

【任务实现】

1. 备份数据库。

（1）使用 mysqldump 命令备份数据库。

语法格式：

```
mysqldump -u username -p dbname table1 table2...>BackupName.sql
```

参数说明：

username：表示连接数据库的用户名。

dbname：表示要备份的数据库的名称。

table1 和 table2：表示表的名称。没有该参数时，将备份整个数据库。

BackupName.sql：表示备份文件的名称，文件名前面可以加上一个绝对路径。通常将数据库备份为扩展名为 .sql 的文件。

>：备份操作符。

现对数据库 db_database1 进行备份，备份的路径是 E 盘，文件名是 database1bak.sql，命令如下：

```
mysqldump - u root - p db_database1>E:\database1bak.sql
```

输入密码后再按回车键即可以完成备份数据库。

小 贴 士

mysqldump 命令在路径\phpStudy\PHPTutorial\MySQL\bin 中，先进入此路径才能执行此备份或恢复命令，否则会提示"找不到命令"。

（2）使用 Navicat 程序备份数据库。在"Navicat for MySQL"窗口中的数据库 db_database1 上单击鼠标右键，在弹出的快捷菜单中选择"转储 SQL 文件…"命令，在弹出的对话框中设置保存的路径为 E 盘，备份文件为 database1bak.sql，如图 7-41 所示。

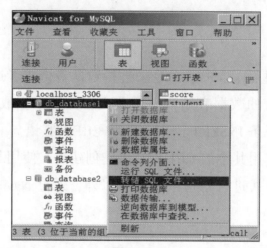

图 7-41

2. 还原数据库。

（1）使用 mysqldump 命令还原数据库。

语法格式：

```
mysqldump-u username-p dbname<BackupName.sql
```

参数说明：

dbname：表示要还原的数据库的名称。

BackupName.sql：表示已经备份好的数据库名称。

<：还原操作符。

例如：由于数据库遇到意外，为了减少损失，现对数据库 db_database1 进行还原。已经备份好的数据库文件名是 E:\bakdatabase1.sql，命令如下：

```
mysqldump - u root - p db_database1<E:\bakdatabase1.sql
```

输入密码后再按回车键即可以完成还原数据库。

小贴士

mysqldump 命令在还原数据库时，MySQL 数据库中必须存在一个空的、将要恢复的数据库，否则会出现错误提示。

（2）使用 Navicat 程序还原数据库。在"Navicat for MySQL"窗口中的数据库 db_database1 上单击鼠标右键，在弹出的快捷菜单中选择"运行 SQL 文件..."命令，在弹出的对话框中选择备份文件 E:\bakdatabase1.sql，如图 7-42 所示。

图 7-42

【拓展训练】

请先补充横线上的内容，再对操作界面截图。

1. 备份数据库 db_database2（包含所有的数据表），备份路径及文件名称为 E:\bakdatabase2.sql，如图 7-43 所示。

```
d:\MySQL\bin>_____ -u root-p db_database2 _____（填写">"或者"<"）E:\bakdatabase2.sql
//备份数据库
Enter password:****          //输入用户 root 的密码后按回车键确认
```

图 7-43

2. 还原数据库 db_database3（db_database3 是提前创建的空数据库）。备份路径及文件名称为 E:\bakdatabase1.sql。

```
d:\MySQL\bin>_____ -u root-p_____<_____  //还原数据库
Enter password:****          //输入用户 root 的密码后按回车键确认
```

3. 使用 Navicat 程序实现数据库 db_database4 的备份功能, 备份文件是 E: \ bakdb_database4. sql。

【课外作业】

1. MySQL 支持的数据类型主要有哪几类?
2. MySQL 中使用的字符串类型主要有哪几类?
3. 列举 MySQL 中常用的统计函数, 并说出这些函数的作用。

【单元小结】

通过本单元的学习, 学生能够了解 MySQL 数据库的基本操作和维护方法, 掌握 MySQL 数据库操作中基本和常用命令的语法格式, 并具备基本管理和维护 MySQL 数据库的能力。

UNIT 8

单元 ⑧

程序对数据库的数据操作

- 掌握 PHP 程序操作 MySQL 数据库的常用函数
- 掌握 PHP 程序向 MySQL 数据库中添加数据
- 掌握 PHP 程序编辑 MySQL 数据库中的数据
- 掌握 PHP 程序删除 MySQL 数据库中的数据

经过前一单元的学习，相信同学们已经对 MySQL 数据库的基础知识有了较深刻的了解。本单元主要通过完成 4 个任务，讲解如何通过 PHP 程序操作 MySQL 数据库，从而实现 PHP 与 MySQL 数据库的完美结合。

PHP 操作 MySQL 数据库使用 MySQL 扩展库提供的相关函数。但是，随着 MySQL 的发展，MySQL 扩展开始出现一些问题，因为 MySQL 扩展无法支持 MySQL 4.1 及其更高版本的新特性。面对 MySQL 扩展功能上的不足，PHP 开发人员决定建立一种全新的支持 PHP5 的 MySQL 扩展程序，这就是 mysqli 扩展。本单元将介绍如何使用 mysqli 扩展来操作 MySQL 数据库。

任务一　显示数据库中学生信息

【任务描述】

本任务先采用 Navicat 程序建立数据库 db_ student。Navicat 是一款用于简化 MySQL 数据库服务器操作管理的图形化工具，我们已经在前一单元学习了，这里不作具体介绍。本任务我们重点学习通过 PHP 连接到数据库，将数据库学生表的数据记录显示到浏览器当中。

操作视频

【先导知识】

1. PHP 中有 3 种主要的 MySQL 连接方式，分别是：mysqli 扩展连接方式、PDO 连接方式、mysql 扩展连接方式。其功能比较见表 8-1，本单元主要采用 mysqli 扩展连接方式操作数据库。

表 8-1　PHP 中 3 种主要的 MySQL 连接方式功能比较

项目	mysqli 扩展连接	PDO 连接	mysql 扩展连接
支持的 PHP 版本	5.0	5.0	3.0 之前
PHP5. x 是否包含	是	是	是
MySQL 开发状态	活跃	在 PHP5.3 中活跃	仅维护
API 字符支持	是	是	否
服务端 prepare 语句的支持情况	是	是	否
客户端 prepare 语句的支持情况	否	是	否

续表

项目	mysqli 扩展连接	PDO 连接	mysql 扩展连接
存储过程支持情况	是	大多数	否
推荐使用程度	首选	建议	不建议

2. PHP 主要通过 mysqli 扩展提供相关的函数：连接函数 mysqli. connect( )、查询函数 mysqli_query( )、释放函数 mysqli_free_result( )、关闭函数 mysqli_close( )等来完成对 MySQL 数据库的操作。

【任务实现】

步骤1：创建数据 db_student 并导入数据。

创建数据库 db_student，新建 user、student 和 score 共 3 个数据表，分别存储用户信息、学生基本信息、学生成绩信息，并批量导入学生基本信息表 student 和学生成绩信息表 score 的数据，导入的数据类型为 Excel，导入的数据文件为\data\student. xls，如图 8-1~图 8-4 所示。

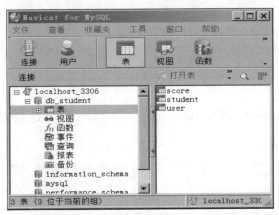

图 8-1

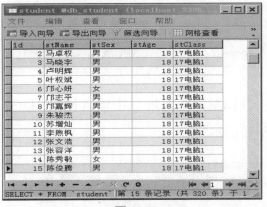

图 8-2

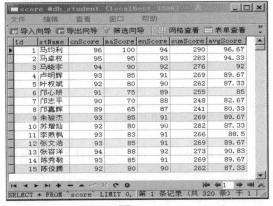

图 8-3

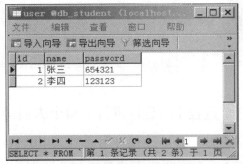

图 8-4

步骤2：连接数据库 db_student。

1. 在站点"D:\phpStudy \ PHPTutorial \ WWW"中新建"08"文件夹。

2. 打开 Adobe Dreamweaver CS5 中文版，新建 conn. php 文件，保存路径为"D:\phpStudy \ PHPTutorial \ WWW \08"。

3. 在 conn. php 中编写连接数据库的代码，如图 8-5 所示。

要操作 MySQL 数据库，首先必须与 MySQL 服务器建立连接，使用 mysqli. connect ( ) 函数建立连接。

语法格式：

```
mysqli_connect(host,username,password,dbname,port,socket);
```

参数说明见表 8-2。

表 8-2　mysqli_ conncet ( ) 函数参数说明

参数	说明
host	MySQL 服务器地址
username	用户名
password	密码
dB name	连接的数据库名称
port	MySQL 服务器地址的端口号(可选，默认是 3306)
socket	UNIX 域 socket (可选)

4. 在浏览器的地址栏中输入网址 "http:/localhost/08/conn. php"，数据库能够连接成功，如图 8-6 所示。

图 8-5

图 8-6

在这个过程中，程序进行了两个方面的工作，一方面通过用户名、密码连接 MySQL 数据库服务器，另一方面连接并且选择了 db_ studnet 数据库。

步骤 3：在浏览器中显示数据库中的学生信息。

1. 使用 Adobe Dreamweaver CS5 中文版新建 list. php 文件，保存路径为 "D：\phpStudy\PHPTutorial\WWW\08"。

2. 编写 list. php 文件，过程如下。

(1)在 list. php 文件中引入 conn. php 数据库连接文件，代码如下：

```
<? php
include"conn.php";                      //引入数据库连接文件 conn.php
? >
```

其中 conn. php 文件代码需要精简化，不显示"数据库连接成功！"或者"数据库连接失败！"等提示信息。conn. php 代码如下：

```
<? php
 $link=mysqli_connect('localhost','root','root','db_student');
? >
```

（2）执行 SQL 查询语句，使用 mysqli_ query( )函数实现。

语法格式：

```
mysqli_query(mysqli link,string query);
```

参数说明：

mysqli link：必选参数，使用 mysqli_ connect( )函数成功连接数据库后所返回的连接标识。

string query：必选参数，所要执行的 SQL 查询语句。

如果 SQL 语句是查询指令 select，成功则返回查询结果集，否则返回 false；如果 SQL 语句是 insert、delete、update 等操作指令，成功则返回 true，否则返回 false。

例如：本任务要查询学生表的所有信息，编写代码如下。

```
$sql="select * from student";            //定义查询语句
$result=mysqli_query($link,$sql);        //执行查询语句
```

（3）分别使用4个函数显示数据表记录。

①使用 mysqli_fetch_ array( )函数。

显示 student 数据表中数据记录，可以先使用 mysqli_fetch_array( )函数将结果集返回到数组，使用 echo 命令将数组内容显示出来，然后使用 mysqli_ free_ result( )函数关闭已经打开的结果集，再用 mysqli_ close($link)函数关闭数据库即可。下面是 mysqli_ fetch_ array( )函数的使用介绍。

语法格式：

```
mysqli_fetch_array(resource result[,int result type]);
```

参数说明：

resource result：由 mysqli. query( )函数返回的结果集指针。

result_ type：可选项，设置结果集数组的表述方式。有以下3种取值。

➤ MYSQLI_ ASSOC：返回一个关联数组，数组下标由表的字段名组成。

➤ MYSQLL_ NUM：返回一个索引数组，数组下标由数字组成。

➤ MYSQLL_ BOTH：返回一个同时包含关联和数字索引的数组，默认值是 MYSQLL_ BOTH。

小 贴 士

本函数返回的字段名称区分大小写。

例如：本任务要显示学生的信息，参考代码如图 8-7 所示。

```html
<body>
<table width="760" border="0" align="center" cellpadding="0" cellspacing="0">
  <tr>
    <td><img src="images/bg_01.jpg" width="760" height="254" /></td>
  </tr>
  <tr>
    <td align="center"><table width="700" border="0">
      <tr>
        <td width="78" align="center"><span class="STYLE1">ID</span></td>
        <td width="262" align="center"><span class="STYLE1">学生姓名</span></td>
        <td width="77" align="center"><span class="STYLE1">性别</span></td>
        <td width="176" align="center"><span class="STYLE1">年龄</span></td>
        <td width="85" align="center"><span class="STYLE1">班级别称</span></td>
      </tr>
      <?php
      include "conn.php";
      $sql="select * from student";
      $result=mysqli_query($link,$sql);
      while($rs=mysqli_fetch_array($result))
      {
      ?>
      <tr>
        <td align="center"><span class="STYLE2"><?php echo $rs['0']; ?></span></td>
        <td align="center"><span class="STYLE2"><?php echo $rs['1']; ?></span></td>
        <td align="center"><span class="STYLE2"><?php echo $rs['stSex']; ?></span></td>
        <td align="center"><span class="STYLE2"><?php echo $rs['stAge']; ?></span></td>
        <td align="center"><span class="STYLE2"><?php echo $rs['stClass']; ?></span></td>
      </tr>
      <?php
      }
      mysqli_free_result($result);
      mysqli_close($link);
      ?>
</table></td>
  </tr>
  <tr>
    <td><img src="images/bg_09.jpg" width="760" height="34" /></td>
  </tr>
</table>
</body>
```

图 8-7

重点语句说明：

```php
<? php
    include"conn. php";                          //引入数据库连接文件 conn. php
    $ sql="select * from student";               //定义查询语句
    $ result=mysqli_query($ link, $ sql);        //执行查询, $ result 为返回的结果集
    while($ rs=mysqli_fetch_array($ result))     //循环显示记录, $ rs 为数组变量
    {
        ? >
        <tr>
        <td align = "center"><span lass = "STYLE2"><? php echo $ rs ['0'];? ></span></td>
        //echo $ rs['0']:数组用数字索引,显示序列号 id
        <td align = "center"><span lass = "STYLE2"><? php echo $ rs ['1'];? ></span></td>
        //echo $ rs['1']:数组用数字索引,显示学生姓名
        <td align = "center"><span lass = "STYLE2"><? php echo $ rs ['stSex'];? ></span></td>
        //echo $ rs['stSex']:数组用关联索引,显示学生性别
```

```
          <td align="center"><span lass="STYLE2"><? php echo $ rs['stAge'];? ></span>
</td>
          //echo $ rs['stAge']:数组用关联索引,显示学生年龄
          <td align="center"><span lass="STYLE2"><? php echo $ rs['stClass'];? ></
span></td>
          //echo $ rs['stClass']:数组用关联索引,显示学生班级别称
          </tr>
          <? php
      }
      mysqli_free_result($ result);                    //释放结果集
      mysqli_close($ link);                            //关闭数据库连接
  ? >
```

在浏览器的地址栏中输入网址"http:/localhost/08/list.php",如图8-8所示。

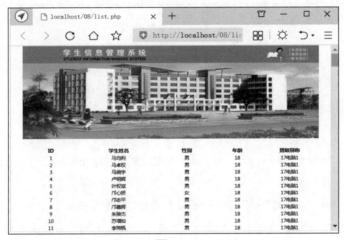

图8-8

②使用 mysqli_fetch_array()函数。

显示 student 数据表中数据记录,还可以通过 mysqli_fetch_object()函数将结果集返回到对象。下面是 mysqli_fetch_object()函数的使用介绍。

语法格式:

```
mysqli_fetch_object(resource result);
```

参数说明:

resource result:由 mysqli.query()函数返回的结果集指针。

执行本函数后,以"对象名->字段名"的形式显示记录。

小 贴 士

本函数返回的字段名称也区分大小写!

要实现跟图8-7所示代码相同的功能,只要修改其中的代码,如图8-9所示。

图 8-9

重点语句说明：

```php
while($rs=mysqli_fetch_object($result))        //循环显示记录,$rs为创建的对象
{
    ?>
        <tr>
        <td align="center"><span class="STYLE2"><? php echo $rs->id;? ></span></td>
        //echo $rs->id :通过"->"符号引用对象属性,显示序列号id;
        <td align="center"><span class="STYLE2"><? php echo $rs->stName;? ></span></td>
        // echo $rs->stName:通过"->"符号引用对象属性,显示学生姓名;
        <td align="center"><span class="STYLE2"><? php echo $rs->stSex;? ></span></td>
        // echo $rs->stSex:通过"->"符号引用对象属性,显示学生性别;
        <td align="center"><span class="STYLE2"><? php echo $rs->stAge;? ></span></td>
        // echo $rs->stAge:通过"->"符号引用对象属性,显示学生年龄;
        <td align="center"><span class="STYLE2"><? php echo $rs->stClass;? ></span></td>
        // echo $rs->stAge:通过"->"符号引用对象属性,显示学生班级别称
        </tr>
    <? php
    }
    mysqli_free_result($result);              //释放结果集
    mysqli_close($link);                      //关闭数据库连接
?>
```

在浏览器的地址栏中输入网址"http:/localhost/08/list.php"，如图 8-10 所示。

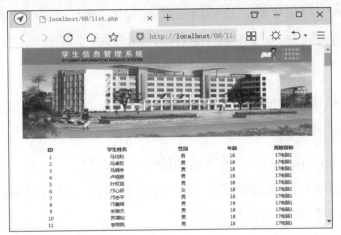

图 8-10

③使用 mysqli_fetch_row( )函数。

显示 student 数据表中数据记录，还可以通过 mysqli_fetch_row( )函数从结果集返回一行到枚举数组。下面是 mysqli_fetch_row( )函数的使用介绍。

语法格式：

```
mysqli_fetch_row()(resource result);
```

参数说明：

resource result：由 mysqli.query( )函数返回的结果集指针。

函数返回根据所取得的行生成的数组，如果没有更多行，则返回 null。

返回数组的偏移量从 0 开始，即以 $row[0]的形式访问第一个元素。

要实现跟图 8-7 所示代码相同的功能，只要修改其中的代码，如图 8-11 所示。运行结果如图 8-10 所示。

```html
<body>
<table width="760" border="0" align="center" cellpadding="0" cellspacing="0">
 <tr>
  <td><img src="images/bg_01.jpg" width="760" height="254" /></td>
 </tr>
 <tr>
  <td align="center"><table width="700" border="0">
   <tr>
    <td width="78" align="center"><span class="STYLE1">ID</span></td>
    <td width="262" align="center"><span class="STYLE1">学生姓名</span></td>
    <td width="77" align="center"><span class="STYLE1">性别</span></td>
    <td width="176" align="center"><span class="STYLE1">年龄</span></td>
    <td width="85" align="center"><span class="STYLE1">班级别称</span></td>
   </tr>
   <?php
   include "conn.php";
   $sql="select * from student";
   $result=mysqli_query($link,$sql);
   while($rs=mysqli_fetch_row($result))
   {
   ?>
   <tr>
    <td align="center"><span class="STYLE2"><?php echo $rs[0]; ?></span></td>
    <td align="center"><span class="STYLE2"><?php echo $rs[1]; ?></span></td>
    <td align="center"><span class="STYLE2"><?php echo $rs[2]; ?></span></td>
    <td align="center"><span class="STYLE2"><?php echo $rs[3]; ?></span></td>
    <td align="center"><span class="STYLE2"><?php echo $rs[4]; ?></span></td>
   </tr>
   <?php
   }
   mysqli_free_result($result);
   mysqli_close($link);
   ?>
```

图 8-11

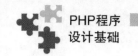

④使用 mysqli_fetch_assoc( )函数。

显示 student 数据表中数据记录，还可以通过 mysqli_fetch_ assoc( )函数从结果集返回一行到关联数组，下面是 mysqli_fetch_ assoc( )函数的使用介绍。

语法格式：

```
mysqli_fetch_assoc()(resource result);
```

参数说明：

resource result：由 mysqli. query( )函数返回的结果集指针。

函数返回根据所取得的行生成的数组，如果没有更多行，则返回 null。

返回数组的下标为数据表中的字段名称。

要实现跟图 8-7 所示代码相同的功能，只要修改其中的代码，如图 8-12 所示。运行结果如图 8-10 所示。

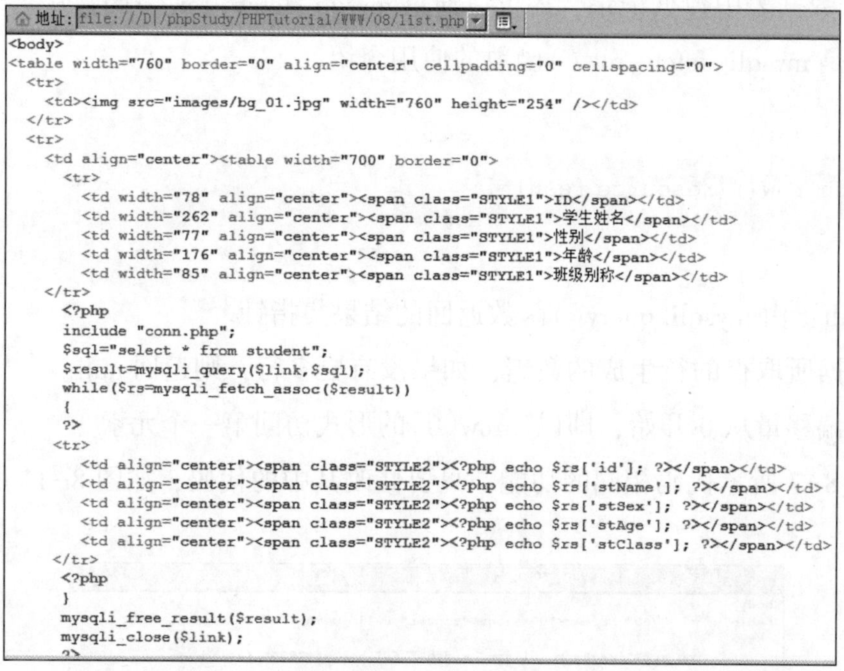

```
地址: file:///D|/phpStudy/PHPTutorial/WWW/08/list.php
<body>
<table width="760" border="0" align="center" cellpadding="0" cellspacing="0">
  <tr>
    <td><img src="images/bg_01.jpg" width="760" height="254" /></td>
  </tr>
  <tr>
    <td align="center"><table width="700" border="0">
      <tr>
        <td width="78" align="center"><span class="STYLE1">ID</span></td>
        <td width="262" align="center"><span class="STYLE1">学生姓名</span></td>
        <td width="77" align="center"><span class="STYLE1">性别</span></td>
        <td width="176" align="center"><span class="STYLE1">年龄</span></td>
        <td width="85" align="center"><span class="STYLE1">班级别称</span></td>
    </tr>
      <?php
      include "conn.php";
      $sql="select * from student";
      $result=mysqli_query($link,$sql);
      while($rs=mysqli_fetch_assoc($result))
      {
      ?>
     <tr>
        <td align="center"><span class="STYLE2"><?php echo $rs['id']; ?></span></td>
        <td align="center"><span class="STYLE2"><?php echo $rs['stName']; ?></span></td>
        <td align="center"><span class="STYLE2"><?php echo $rs['stSex']; ?></span></td>
        <td align="center"><span class="STYLE2"><?php echo $rs['stAge']; ?></span></td>
        <td align="center"><span class="STYLE2"><?php echo $rs['stClass']; ?></span></td>
     </tr>
      <?php
      }
     mysqli_free_result($result);
     mysqli_close($link);
     ?>
```

图 8-12

【拓展训练】

补充横线上的内容，实现代码功能。

按照任务一步骤 1 创建数据库，打开 list2. php。请补充 list2. php 相应的代码，以实现显示学生成绩表 score 功能，最后浏览 list2. php，如图 8-13 所示。

```
<? php
    ________"conn. php";                    //引入数据库连接文件 conn. php
    $ sql = "________* from  score  ";       //定义 SQL 语句
    $ result =________( $ link, $ sql);      //执行 SQL 语句,并返回结果集
    while( $ rs =________( $ link, $ result)   //从结果集中生成数组
```

```
    {
        ? >
        <tr>
        <td align="center"><span class="STYLE2"><? php echo $ rs ['_____'];? ></
span></td>
        //应用数字索引,显示 id 号
        <td align="center"><span class="STYLE2"><? php echo $ rs ['_____'];? ></
span></td>
        //应用数字索引,显示学生姓名
        <td align="center"><span class="STYLE2"><? php echo $ rs ['_____'];? ></
span></td>
        //应用字段名索引,显示学生语文成绩
        <td align="center"><span class="STYLE2"><? php echo $ rs ['_____'];? ></
span></td>
        //应用字段名索引,显示学生数学成绩
         <td align="center"><span class="STYLE2"><? php echo $ rs ['_____'];? ></
span></td>
        //应用字段名索引,显示学生英语成绩
        </tr>
        <? php
    }
    mysqli_free_result('_____');
    mysqli_close('_____');
    ? >
```

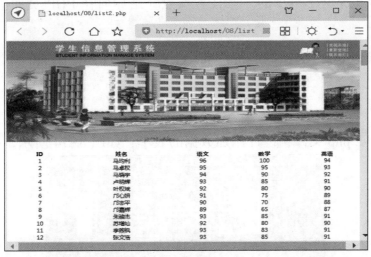

图 8-13

任务二　将数据保存到数据库

【任务描述】

操作视频

在前一个任务中，我们重点学习了通过 PHP 程序连接 MySQL 服务器、选择数据库、执行 SQL 语句以及从结果集中返回数据到数组或对象的功能，实现将数据记录显示到网页的效果。已经掌握的函数有：连接函数 mysqli_connect( )、查询函数 mysqli_query( )、释放函数 mysgli_free_result( )、关闭函数 mysqli_close( )、将结果返回到数组函数 mysqli_fetch_array( )、将结果返回到数组对象函数 mysqli_fetch_object( )、将结果返回到枚举数组函数 mysqli_fetch_row( )、将结果返回到关联数组函数 mysqli_fetch_assoc( )等。

由于学校新来了一位同学(姓名：李四，性别：男，年龄：17 岁，班级别称：18 电脑1)，我们现在需要通过学生信息管理系统将该同学的信息添加到数据表 student，实现对所有同学的统一管理。

【先导知识】

1. 在开发网站的后台管理系统中，对数据库的操作不仅局限于查询，对数据的添加、修改和删除等操作指令也是必不可少的。本任务重点介绍如何在 PHP 页面中对数据库进行添加的操作。

2. PHP 主要通过 insert 语句和 mysqli_query( )函数实现数据添加的功能。

【任务实现】

步骤1：创建 add.php 文件，设计添加数据的表单，如图 8-14 所示。

图 8-14

add. php 文件的主要代码如下：

```
<body>
    <table width="760"border="0"align="center"cellpadding="0"cellspacing="0">
    <tr>
    <td><img src="images/bg_01.jpg"width="760"height="254"/></td>
    </tr>
    <tr>
    <td align="center"bgcolor="#6BB2F4"><table width="400"border="0">
        <tr>
        <td width="100"align="center"><span class="STYLE1">|添加学生|</span></td>
        <td width="100"align="center"><span class="STYLE1">|修改学生|</span></td>
        <td width="100"align="center"><span class="STYLE1">|删除学生|</span></td>
        <td width="100"align="center"><span class="STYLE1">|退出系统|</span></td>
        </tr>
    </table></td>
    <tr>
    <td align="center">
    <table width="760"border="0"cellpadding="0"cellspacing="0">
    <tr>
        <td align="center"valign="middle">
        <form name="intFrom"method="post"action="add_ok.php">
        <table width="100% "height="200"border="0"cellpadding="0"cellspacing=
"0">
        <tr align="center"valign="middle">
        <td width="30% "class="c_td"> </td>
        <td width="10% "align="right"class="c_td"> </td>
        <td width="30% "class="c_td"> </td>
        <td width="30% "class="c_td"> </td>
        </tr>
        <tr>
        <td class="c_td"> </td>
            <td align="right"valign="middle"class="c_td">学生姓名:</td>
            <td align="center"valign="middle"class="c_td"><input type="text"
name="stName"></td>
            <td class="c_td"> </td>
            </tr>
            <tr>
            <td class="c_td"> </td>
            <td align="right"valign="middle"class="c_td">性别:</td>
```

```
                  <td align="center"valign="middle"class="c_td"><input type="text"
name="stSex"></td>
                  <td class="c_td"> </td>
                  </tr>
                  <tr>
                  <td class="c_td"> </td>
                  <td align="right"valign="middle"class="c_td">年龄:</td>
                   <td align="center"valign="middle"class="c_td"><input type="text"
name="stAge"></td>
                  <td class="c_td"> </td>
                  </tr>
                  <tr>
                  <td class="c_td"> </td>
                  <td align="right"valign="middle"class="c_td">班级:</td>
                   <td align="center"valign="middle"class="c_td"><input type="text"
name="stClass"></td>
                  <td class="c_td"> </td>
                  </tr>
                  <tr align="center"valign="middle">
                  <td class="c_td"> </td>
                  <td colspan="2"class="c_td">
                  <input type="hidden"name="action"value="insert">
                  <input type="submit"name="Submit"value="添加">
                  <input type="reset"name="reset"value="重置"></td>
                  <td class="c_td"> </td>
                  </tr>
               </table>
             </form>
             </td>
              </tr>
             </table>
             </tr>
          </table>
          </td>
          </tr>
       </table>
       </body>
```

步骤2：创建 add_ok. php 文件，获取 add. php 表单中提交的数据，如图 8-15 所示。

```
⚑ 地址: file:///D:/phpStudy/PHPTutorial/WWW/08/add_ok.p ▼ ▣
 <?php
 include "conn.php";
 if (!($_POST['fName'] and $_POST['fSex'] and $_POST['fAge'] and $_POST[
'fClass']))
 {
    echo "输入不允许为空。点击<a href='javascript:onclick=history.go(-1)'>
这里</a> 返回";
 }else
 {
   $name=$_POST['fName'];
   $sex=$_POST['fSex'];
   $age=$_POST['fAge'];
   $class=$_POST['fClass'];
   $sql = "insert into student(stName,stSex,stAge,stClass)
values('$name','$sex',' $age',' $class')";
   $result = mysqli_query($link,$sql);
   if ($result)
   {
     echo "添加成功,点击<a href='list.php'>这里</a>查看";
   }else
   {
     echo "<script>alert('添加失败');history.go(-1);</script>";
   }
 }
 ?>
```

图 8-15

重点语句说明：

```
<? php
    include"conn. php";                    //引入数据库连接文件 conn. php
    if(!($_POST['fName'] and $_POST['fSex'] and $_POST['fAge'] and $_POST['fClass']))
    //判断提交的表单内容是否填写
    {
        echo"输入不允许为空。点击<a href='javascript:onclick=history.go(-1)'>这里</a>
返回";
    }else
    {
        $name=$_POST['fName'];              //获取表单文本框"学生姓名"到变量
        $sex=$_POST['fSex'];               //获取表单文本框"性别"到变量
        $age=$_POST['fAge'];               //获取表单文本框"年龄"到变量
        $class=$_POST['fClass'];           //获取表单文本框"班级"到变量
        $sql ="insert into student(stName,stSex,stAge,stClass)values('$name',
'$sex','$age','$class')";
        //定义 SQL 查询语句
        $result=mysqli_query($link,$sql);//执行 SQL 语句,插入数据到数据库
        if($result)
        {
            echo"添加成功,点击<a href='list.php'>这里</a>查看";
        }else
        {
            echo"<script>alert('添加失败');history.go(-1);</script>";
        }
    }
```

步骤 3：在浏览器的地址栏中输入网址"http:/localhost/08/add.php"，在页面中输入新同学的信息，如图 8-16 所示。

单击"添加"按钮，跳转到 add_ok.php 页面执行新增数据到数据库的操作，如图 8-17 所示。

图 8-16

图 8-17

单击"这里"超链接，跳转到 list.php 查看添加后的结果，如图 8-18 所示。

图 8-18

【拓展训练】

请打开 add.php 补充表单内容，增加新同学"李四"的各科成绩信息录入，实现统一管理，如图 8-19 所示。

补充横线上的内容以实现代码功能。

先补充下面横线内容，再打开 add_ok.php 文件并补充代码。

图 8-19

```php
<? php
    include"conn.php";                          //引入数据库连接文件 conn.php 文件
    if(!($_POST['fName'] and $_POST['fSex'] and $_POST['fAge'] and $_POST['fClass']))
//判断提交的表单内容是否填写
    {
        echo"输入不允许为空。点击<a href='javascript:onclick=history.go(-1)'>这里</a>
返回";
    }else
    {
        $name=$_POST['fName'];                   //获取表单文本框"姓名"到变量
        $sex=$_POST['fSex'];                     //获取表单文本框"性别"到变量
        $age=$_POST['fAge'];                     //获取表单文本框"年龄"到变量
        $class=$_POST['fClass'];                 //获取表单文本框"班级"到变量
        $cn=$_POST['_____'];                  //获取表单文本框"语文成绩"到变量
        $ma=$_POST['_____'];                  //获取表单文本框"数学成绩"到变量
        $en=$_POST['_____'];                  //获取表单文本框"英语成绩"到变量
        $sql1 ="insert into student (stName,stSex,stAge,stClass) values ('$name',
'$sex','$age','$class')";      //定义增加的数据到学生表 student 的 SQL 查询语句
        $sql2 ="insert into score(stName,cnScore,maScore,enScore)values('_____',
'_____','_____')";      //定义增加的数据到成绩表的 SQL 查询语句
        $result1 = mysqli_query($link,'_____');
//执行 SQL 语句,插入数据到数据表 student
        $result2 = mysqli_query($link,'_____');
//执行 SQL 语句,插入数据到数据表 score
        if($result1)
        {
            echo"添加学生基本信息成功,点击<a href='list.php'>这里</a>查看";
        }else
        {
            echo"<script>alert('添加学生基本信息成功失败');history.go(-1);</script>";
```

```
        }
        if($result2)
        {
            echo"添加学生成绩信息成功,点击<a href='list.php'>这里</a>查看";
        }else
        {
            echo"<script>alert('添加学生成绩信息失败');history.go(-1);</script>";
        }
    }
?>
```

测试效果，在浏览器的地址栏中输入网址"http:/localhost/08/add.php"，在页面中输入新同学的信息，单击"添加"提交表单。

（1）在浏览器的地址栏中输入网址"http:/localhost/08/list.php"。

（2）在浏览器的地址栏中输入网址"http:/localhost/08/list2.php"。

任务三　修改数据库中数据

【任务描述】

学生信息管理系统使用过程中发现有许多信息需要修改，比如：有的同学需要调班，有的同学成绩有进步了，有的同学基本信息录入时有误等。因此，系统原来的功能已经不够使用，我们现在需要升级学生信息管理系统的功能，实现数据库的信息更新。

操作视

【先导知识】

1. 在开发网站的后台管理系统中，对数据库的操作不仅局限于查询指令，对数据的添加、修改和删除等操作指令也是必不可少的。本任务重点介绍如何在 PHP 页面中对数据库进行修改的操作。

2. PHP 主要通过 update 语句和 mysqli_query() 函数实现修改数据的功能。

【任务实现】

步骤1：完善 list.php 文件，设计表单内容，如图8-20所示。

图 8-20

list. php 文件完善后的代码如下：

```php
<body>
    <table width="760"border="0"align="center"cellpadding="0"cellspacing="0">
    <tr>
    <td><img src="images/bg_01.jpg"width="760"height="254"/></td>
    </tr>
    <tr>
    <td align="center"><table width="700"border="0">
    <tr>
        <td width="78"align="center"><span class="STYLE1">ID</span></td>
        <td width="100"align="center"><span class="STYLE1">学生姓名</span></td>
        <td width="77"align="center"><span class="STYLE1">性别</span></td>
        <td width="176"align="center"><span class="STYLE1">年龄</span></td>
        <td width="85"align="center"><span class="STYLE1">班级别称</span></td>
        <td width="162"align="center"><span class="STYLE1">操作</span></td>
        //表格增加"操作"列
    </tr>
    <? php                                    //PHP 重点语句
    include"conn.php";                        //引入数据库链接文件
        $sql="select * from student";         //查询学生表 student 所有字段内容
        $result=mysqli_query($link,$sql);     //执行查询,返回结果集
        while($rs=mysqli_fetch_assoc($result))//循环获取数据记录
        {
        ? >
        <tr>
        //显示学生信息
        <td align="center"><span class="STYLE2"><? php echo $rs['id'];? >
</span></td>
        <td align="center"><span class="STYLE2"><? php echo $rs['stName'];? >
</span></td>
```

```
            <td align="center"><span class="STYLE2"><? php echo $rs['stSex'];? ></
span></td>
            <td align="center"><span class="STYLE2"><? php echo $rs['stAge'];? ></
span></td>
            <td align="center"><span class="STYLE2"><? php echo $rs['stClass'];? >
</span></td>
              < td align = " center " > < span class = " STYLE2 " ><? php echo" < a href =
update. php? action=update&id=". $rs['id']. ">修改</a>";? ></span></td>
          //单击"修改"超链接后,通过地址传递 id 到 update. php 进行修改
        </tr>
        <? php
        }
    mysqli_free_result($result);
    mysqli_close($link);
    ? >
    </table></td>
    </tr>
    <tr>
    </tr>
  </table>
</body>
```

步骤 2：创建 update. php 文件，并输入以下代码内容。

```
<body>
    <table width="760"border="0"align="center"cellpadding="0"cellspacing="0">
    <tr>
    <td><img src="images/bg_01. jpg"width="760"height="254"/></td>
    </tr>
    <tr>
    <td align="center"bgcolor="#6BB2F4"><table width="400"border="0">
      <tr>
      <td width="100"align="center"><span class="STYLE1">|添加学生|</span></td>
      <td width="100"align="center"><span class="STYLE1">|修改学生|</span></td>
      <td width="100"align="center"><span class="STYLE1">|删除学生|</span></td>
      <td width="100"align="center"><span class="STYLE1">|退出系统|</span></td>
      </tr>
    </table></td>
    <tr>
    <td align="center">
    <? php                          //PHP 重点语句
    include"conn. php";             //引入数据库连接文件
```

```
if($_GET['action']=="update")            //判断地址栏参数action的值是否等于update
{
    $sql="select * from student where id =". $_GET['id'];
    //查询学生表student,条件是id值等于list.php传递过来的id值。
    $result = mysqli_query($link,$sql);//执行查询语句
    $rs = mysqli_fetch_row($result);        //将查询结果返回为数组
}
?>
<table width="760"border="0"cellpadding="0"cellspacing="0">
<tr>
    <td align="center"valign="middle">
    <form name="From1"method="post"action="update_ok.php">
     < table    width = " 100% " height = " 200 "    border = " 0 " cellpadding = " 0 "
cellspacing="0">
        <tr align="center"valign="middle">
        <td width="30% "class="c_td"> </td>
            <td width="10% "align="right"class="c_td"> </td>
            <td width="30% "class="c_td"> </td>
            <td width="30% "class="c_td"> </td>
            </tr>
            <tr>
            <td class="c_td"> </td>
            <td align="right"valign="middle"class="c_td">学生姓名:</td>
             <td align = "center"valign = "middle"class = "c_td"><input type = "text"
name="fName"value="<? php echo $rs[1] ? >"></td>    //表单动态显示姓名
            <td class="c_td"> </td>
            </tr>
            <tr>
            <td class="c_td"> </td>
            <td align="right"valign="middle"class="c_td">性别:</td>
             <td align = "center"valign = "middle"class = "c_td"><input type = "text"
name="fSex"value="<? php echo $rs[2] ? >"></td>    //表单动态显示性别
            <td class="c_td"> </td>
            </tr>
            <tr>
            <td class="c_td"> </td>
            <td align="right"valign="middle"class="c_td">年龄:</td>
             <td align = "center"valign = "middle"class = "c_td"><input type = "text"
name="fAge"value="<? php echo $rs[3] ? >"></td>    //表单动态显示年龄
            <td class="c_td"> </td>
            </tr>
```

```
                <tr>
                <td class="c_td"> </td>
                <td align="right"valign="middle"class="c_td">班级:</td>
                 <td align="center"valign="middle"class="c_td"><input type="text"
name="fClass"value="<? php echo $rs[4] ? >"></td>       //表单动态显示班级
                <td class="c_td"> </td>
                <tr align="center"valign="middle">
                <td class="c_td"> </td>
                <td colspan="2"class="c_td">
                <input type="hidden"name="action"value="update">
                <input type="hidden"name="id"value="<? php echo $rows[0] ? >">
                //隐藏域,将传递id值给update.php页面处理
                <input type="submit"name="Submit"value="修改">
                <input type="reset"name="reset"value="重置"></td>
                <td class="c_td"> </td>
                </tr>
            </table>
            </form>
            </td>
        </tr>
        </table>
        </tr>
        </table>
        </td>
    </tr>
    </table>
    </body>
```

在浏览器的地址栏中输入网址"http:/localhost/08/list.php"后浏览网页内容,单击需要修改的记录"操作"列的"修改"超链接,会跳转到"update.php"界面,如图8-21所示。

步骤3:创建updateok.php文件,使用update语句实现数据更新,如图8-22所示。

图 8-21

图 8-22

主要代码说明：

```php
<? php
    …
    $id= $_POST['id'];                       //获取 update.php 传送过来的表单数据
    $name= $_POST['fName'];                  //获取 update.php 传送过来的表单数据
    $sex= $_POST['fSex'];                    //获取 update.php 传送过来的表单数据
    $age= $_POST['fAge'];                    //获取 update.php 传送过来的表单数据
    $class= $_POST['fClass'];                //获取 update.php 传送过来的表单数据
    $sql1 ="update student set stName='$name',stSex='$sex',stAge='$age',
    $tClass='$class'where id ='$id'";        //定义 SQL 更新语句
    $result = mysqli_query($link, $sql1);    //执行 SQL 语句,更新数据
    …
? >
```

步骤4：测试效果，在图 8-21 所示的界面中，将这位同学的班级"17 电脑 1"更改为"17 电脑 2"，最后单击"修改"按钮，跳转到 update_ok.php 的运行界面，如图 8-23 所示。

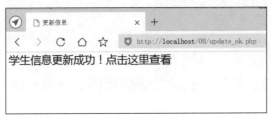

图 8-23

单击"这里"超链接，跳转到 list.php 的运行界面，如图 8-24 所示。

【拓展训练】

先请补充横线上的内容，再按要求截图保存。

打开 update.php 文件补充表单内容，增加各科成绩信息，实现对数据表 student 和成绩表 score 的同时更新，如图 8-25 所示。

图 8-24

图 8-25

请补充关键代码：

```php
<? php                                        //实现同时查询学生表和成绩表, $rs1、
$rs2分别是返回的数组
        _____"conn.php";                    //引入数据库连接文件
    if($_GET['action']=="update")             //判断是否要更新数据
    {
        //查询学生表
        $sqlstr1 ="select * from student where id =". _____['id'];
        //定义查询学生表的语句,条件是id值等于通过网址传送过来的id值
        $result1 = _____($link,$sqlstr1);    //执行查询语句
        $rs1 = mysqli_fetch_row($result1);     //将查询学生结果返回数组$rs1


        //查询成绩表
        $sqlstr2 ="select * from score where id =". _____['id'];
        //定义查询成绩表的语句
        $result2 =_____($link,$sqlstr2);     //执行查询语句
        $rs2 =_____($result2);               //将查询成绩结果返回数组$rs2


    }
? >
```

打开 update_ok.php 文件,增加更新成绩表的代码,浏览页面再截图保存为图 T8-3-3。
请补充关键代码:

```php
$id=$_POST['id'];
    $name=$_POST['fName'];
    $sex=$_POST['fSex'];
    $age=$_POST['fAge'];
    $class=$_POST['fClass'];


    //增加以下3个变量
    $cn= _____                          //获取语文cnScore成绩到变量$cn
    $ma=_____                           //获取数学maScore成绩到变量$ma
    $en=_____                           //获取英语enScore成绩到变量$en


    //更新学生信息表student
    $sql1 ="update student set stName='$name',stSex='$sex',stAge='$age',
    stClass='$class'where id ='$id'";
    $result1 = mysqli_query($link,$sql1);


    //增加更新学生成绩表score的语句
    $sql2 ="update_____ set stName='$name',stSex='$sex',stAge='$age',
    stClass='$class'where id ='$id'
```

```
//增加更新成绩表的语句 $sql2
$result2 = _____($link,$sql2);
//执行更新成绩表语句 $sql2,返回执行结果到 result2

//显示反馈信息
if($result1)
{
    echo"学生信息更新成功! 点击<a href='list.php'>这里</a>查看";
}else
{
    echo"<script>alert('学生信息修改失败');history.go(-1);</script>";
}

if($result2)
{
    echo"学生成绩更新成功! 点击<a href='list2.php'>这里</a>查看";
}else
{
    echo"<script>alert('学生成绩更新失败');history.go(-1);</script>";
}
}
?>
```

任务四 删除数据库中数据

【任务描述】

在学校正常管理中, 有些同学中途退学或者转到其他学校就读了, 信息管理系统数据库中的这部分数据需要清理, 因此, 我们现在需要升级学生信息管理系统的功能, 以实现数据库信息的清理。

操作视频

【先导知识】

1. 在开发网站的后台管理系统中, 对数据库的操作不仅局限于查询指令, 对数据的添加、修改和删除等操作指令也是必不可少的。本任务重点介绍如何在 PHP 页面中对数据库进行删除的操作。

2. PHP 主要通过 delete 语句和 mysqli_query( ) 函数实现删除数据的功能。

【任务实现】

步骤 1：完善 list. php 文件，设计表单内容，如图 8-26 所示。

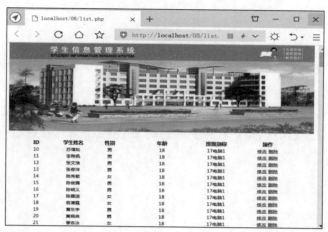

图 8-26

图 8-26 效果是在任务三步骤 1 的 list. php 文件基础上进行修改实现的。增加以下代码。

(1)增加函数。

删除确认代码如下：

```
<script>
function del()
{
    if(confirm('是否确定删除？'))
    {
        return true;
    }
    else
    {
        return false;
    }
}
</script>
```

(2)增加"删除"超链接。

```
<td align = " center " > < span class = " STYLE2 " > <? php echo " < a href = update. php?
action = update&
    id=". $rs['id']. ">修改</a>". " <a href=delete.php? action=del&id=". $rs['id]. "
onclick=
    'return del();'>删除</a>";? ></span></td>
/*单击"删除"超链接时先调用 del() 函数进行确认,确认后传送 id 并跳转到 delete. php 文件*/
```

— 214 —

代码如图 8-27 所示。

```
地址: file:///D/phpStudy/PHPTutorial/WWW/08/li
<html xmlns="http://www.w3.org/1999/xhtml">
<head>
<meta http-equiv="Content-Type" content="text/html; charset=utf-8" />
<script>
//删除确认
function del()
{
 if(confirm('是否确定删除?'))
 {
   return true;
 }
 else
 {
    return false;
 }
}
</script>

     ?>
    <tr>
       <td align="center"><span class="STYLE2"><?php echo $rs['id']; ?></span></td>
       <td align="center"><span class="STYLE2"><?php echo $rs['stName']; ?></span></
td>
       <td align="center"><span class="STYLE2"><?php echo $rs['stSex']; ?></span></
td>
       <td align="center"><span class="STYLE2"><?php echo $rs['stAge']; ?></span></
td>
       <td align="center"><span class="STYLE2"><?php echo $rs['stClass']; ?></span>
</td>       <td align="center"><span class="STYLE2"><?php echo "<a
href=update.php?action=update&id=".$rs['id']."修改</a>"." <a
href=delete.php?action=del&id=".$rs['id']." onclick='return del();'>删除</a>"; ?></
span></td>
    </tr>
    <?php
    }
    mysqli_free_result($result);
    mysqli_close($link);
    ?>
 </table></td>
  </tr>
  <tr>
  </tr>
 </table>
</body>
</html>
```

图 8-27

步骤 2:创建 delete. php 文件,输入代码。

```php
<body>
    <? php
    include"conn. php";                                    //引入数据库连接文件
    if($_GET['action']=="del")                            //判断是否执行删除
    {
        $sql1="delete from student where id=".$_GET['id'];   //定义 SQL 删除语句
        $result1=mysqli_query($link,$sql1);                //执行 SQL 语句
        if($result1)                                        //判断是否删除成功
        {
            echo"<script>alert('删除成功! ');</script>";      //提示删除成功
            header("Location:list.php");                    //重新打开数据浏览窗口
        }
        else
        {
            echo"删除失败!";
        }
    }
    ? >
</body>
```

步骤3：测试效果，在浏览器的地址栏中输入网址"http:/localhost/08/list.php"后浏览网页内容，单击需要删除的记录右侧的"删除"超链接，如图8-28所示。

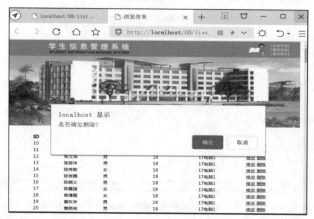

图8-28

在弹出的提示对话框中单击"确认"按钮后，当前的学生记录被删除，验证成功。

【拓展训练】

补充横线上的内容，实现代码功能。

在本任务步骤3删除信息时，只删除了学生表student的记录，成绩表score中对应的数据记录没有删除。请完善delete.php文件代码，实现删除学生表记录时，对应的成绩也一并删除。

填写下列语句缺少的代码，再打开delete.php文件补充内容，实现同时删除学生表student和成绩表score同一id的数据记录。

```php
<body>
    <? php
    _____"conn.php";                             //引入数据库连接文件
    if(_____['action']=="del")                   //获取地址传送的参数,判断是否执行删除
    {
        //删除student数据表相应记录
        $sql1="_____from_____where id=".$_GET['id'];    //定义SQL语句$sql1
        $result1=_____($link,$sql1);             //执行删除语句
        //删除score数据表相应记录
        $sql2="_____from_____where id=".$_GET['id'];    //定义SQL语句$sql2
        $result2=_____($link,$sql1);             //执行删除语句
        if($result1)                                //判断学生表student是否删除成功
        {
            if($result2)                            //判断成绩表score是否删除成功
            {
                echo"<script>alert('删除成功！');</script>";    //提示删除成功
                header("Location:list.php");        //重新打开数据浏览窗口
```

```
        }
        else
        {
            echo"删除失败!";
        }
    }
    else
    {
        echo"删除失败!";
    }
}
? >
```

【单元小结】

本单元主要通过 4 个任务介绍了使用 PHP 操作 MySQL 数据库的方法。通过学习，相信同学们已经掌握了 PHP 操作 MySQL 数据库的一般流程，掌握了 mysqli 扩展库中常用函数的使用方法，并具备独立完成基本数据库程序的能力。希望同学们在此基础上更深层次地学习 PHP 操作 MySQL 数据库的相关技术，提升在项目开发中熟练掌握 PHP 操作 MySQL 数据库的能力，努力成功一名杰出的 PHP 程序开发大师！